改訂版

星の王子さまの天文ノート

編著｜縣 秀彦（国立天文台）

河出書房新社

「人間はみんな、ちがった目で星を見てるんだ。

旅行する人の目から見ると、星は案内者なんだ。

ちっぽけな光くらいにしか思ってない人もいる。

学者の人たちのうちには、星をむずかしい問題にしてる人もいる。

だけど、あいての星は、みんな、なんにもいわずにだまっている。

でも、きみにとっては、星が、ほかの人とはちがったものになるんだ……」

（『星の王子さま』サン＝テグジュペリ作、内藤 濯訳、岩波書店 より）

contents

『星の王子さま』に登場する「王子さま」は、自分が暮らしていた小惑星 B612 を出て、ある時地球にやってきました。主人公の「ぼく」に王子さまは、気難しいバラの住む自分の星のこと、これまで訪れた星や人のこと、それらが持つ、目に見えない本当の美しさについて話してくれました。

　王子さまが消え去った後、それは幻だったのかもしれないと「ぼく」は言います。

　都心にいると、満天の星々に出会う機会は多くはありませんが、本当は昼も夜も、見上げれば星々はそこにあります。人間とは違う、時間と空間のスケールの中で、たしかに生きているようです。その姿を知り、ささやかな瞬きから世界の広さが想像できたら、日々がより明るいものになるかもしれません。

　主人公の「ぼく」と王子さまと一緒に、少しのあいだ宇宙をめぐり、その不思議に触れてみませんか。

第 *1* 夜

月 の 不 思 議

Wonders of the Moon

王子さまは、しばらくだまっていたあとで、また、こういいました。
「星があんなに美しいのも、目に見えない花が一つあるからなんだよ……」
ぼくは、〈そりゃあ、そうだ〉と答えました。
それから、なんにもいわずに、でこぼこの砂が、月の光を浴びているのをながめていました。

月はどのように生まれたのか

第 1 夜

月の不思議

　月は、木星のエウロパやイオ、土星のタイタンやミマスといった太陽系の他の衛星たちとは明らかに違う特徴を持っています。それは、惑星に対する衛星の大きさの比率でいえば、月はずば抜けて大きいということです。

　太陽や地球をはじめ、私たちの太陽系の星たちの多くは、今から46億年前にほぼ同時にできました。その後、火星サイズ（地球質量の10分の1、直径で半分程度）の天体が地球にぶつかります。粉々になったその天体とえぐられた地球表面の物質は、最初は気化した高温の状態でしたが、次第に温度が下がり固体成分となり、地球の周りを公転しながら集まって、一つの衛星を作り上げたと考えられています。このアイデアを「ジャイアントインパクト説」と呼びますが、計算機上のシミュレーション結果によると、現在の月のもととなった塊は衝突からほぼ1ヶ月というわずかな期間で合体・成長したようです。

　他の惑星を回る衛星は、どのような成り立ちなのでしょうか。一つの考え方は、惑星が形成された際に、まるで太陽の周りを惑星たちが回るように、惑星に集まりきれなかった塵とガスが周囲を公転しながら成長し、衛星になったというもの。もう一つは、太陽系が形成された後に、惑星の重力に引き寄せられて近くを通過した小天体が捕獲されて衛星になったのだろうというものです。

　ジャイアントインパクト説を用いると、月の成分や密度が地球に似ていることや、水や揮発成分が月の方が地球より少ないことなどがうまく説明できます。2007〜2009年に月を詳細に調べた日本の月探査機「かぐや」による観測データからも、ジャイアントインパクト説を裏付ける証拠が見つかっています。

月

人類が訪ねた唯一の天体

　1969年7月21日午前5時17分（日本時間）、アポロ11号は静かの海に降り立ちました。そして11時56分、ニール・アームストロング船長が月面に第一歩を標し、「これは一人の人間にとっては小さな一歩だが、人類にとっては偉大な飛躍である」と述べました。その後、月面を歩いた宇宙飛行士は計12名。最後に月面を歩いた宇宙飛行士はアポロ17号のユージン・サーナンとハリソン・シュミットの二人で、1972年12月のことです。あれから、

およそ50年。次に月面を歩く人は誰でしょう？
　宇宙飛行士たちは星の王子さまのような感覚を感じたのでしょうか？　アポロ15号の月着陸船操縦士ジェームズ・アーウィンは、振り返って地球を眺め、「地球は非常にもろくてこわれやすく、指を触れたら粉々に砕け散ってしまいそうだ」と語っています。地球から見た月はいかがでしょうか。皆さんの目で直接月を眺めてみてください。将来、月に行ってみようという人も、行ってみたいと思わない人も。

information

地球からの平均距離：384,399km　大きさ：地球の約1/4（赤道半径1,737km）　質量（地球＝1）：0.012300　大気の組成*：Ne29%、He26%、H₂23%、Ar19%　平均密度：3.34g/cm³　公転周期：27.32日　自転周期：27.32日　朔望月（満月から次の満月まで）：29.53日　有効温度**：1℃
＊木星、土星、天王星、海王星はモル比で記述、その他は体積百分率で記しています。
＊＊有効温度はその天体が太陽から受け取るエネルギーから求めた表面の温度です。

机上で歩く「月」

　肉眼で月を見ても、ウサギの餅つきの形をした黒い模様のみ。いつも地球にその面を向けている月。月の公転周期と自転周期が同じであるため、月はいつも同じ面を地球に向けています。ただし、「秤動（ひょうどう）」といって、月はわずかに首振り運動をしているため、その表面のおよそ60％までを地上から見ることができます。人は古くから月の白く輝いている部分を「陸」、黒い模様の部分を「海」と呼んできました。

　一方、月を望遠鏡で見ると、表面の凸凹や影の様子が分かります。山脈や谷の他、大小さまざまなクレーターに月全面が覆われています。クレーターの中でも特に目立つのが、ティコとコペルニクス。光条の伸びたさまは満月の頃もよく分かります。嵐の大洋の中、ガイコツの模様の目にあたる部分がコペルニクスとケプラー。ウサギの模様の耳は大きい方が豊かの海、小さい方が神酒の海（みきのうみ）、顔は静かの海、首が晴れの海、胴体が雨の海です。月の表面にある海は大小約15の海に分かれています。海はもちろん水があるわけではなく、地下から染み出た溶岩によって覆われている地形です。

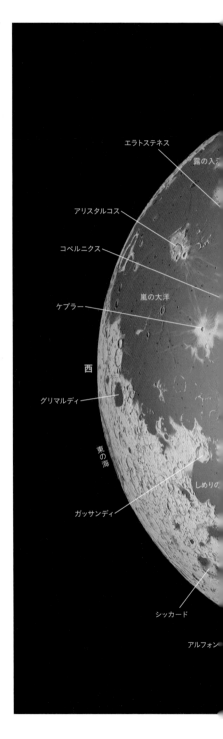

エラトステネス

露の入江

アリスタルコス

コペルニクス

嵐の大洋

ケプラー

西

グリマルディ

東の海

しめりの

ガッサンディ

シッカード

アルフォン

ルキメデス
プラトー
アリストテレス
北
フンボルト海
ポシドニウス
氷の海
死の湖
プルプス山脈
夢の湖
クレオメデス
雨の海
晴れの海
アルプス山脈
危難の海
アペニン山脈
ハエムス山脈
コーカサス山脈
蒸気の海
熱の入江
静かの海
中央の入江
東
豊かの海
スミス海
ラングレヌス
雲の海
神酒の海
テオフィルス
アルタイ断崖
ペタヴィウス
ピッコロミニ
マウロリクス
南の海
シュテーフラー
南
クラヴィウス
アルザッケル
プトレマイオス

© KAGAYA

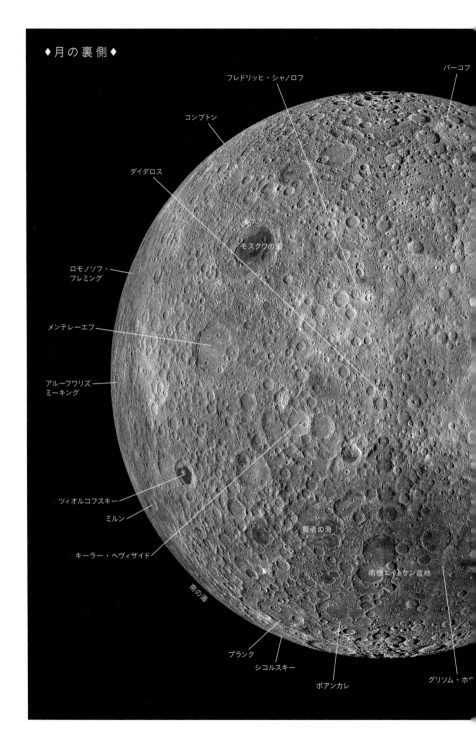

◆ 月 の 裏 側 ◆

フレドリッヒ・シャノロフ

バーコフ

コンプトン

ダイダロス

モスクワの海

ロモノソフ・
フレミング

メンテレーエフ

アルーフワリズ
ミーキング

ツィオルコフスキー

ミルン

賢者の海

キーラー・ヘヴィサイド

南極エイトケン盆地

南の海

ブランク

シコルスキー

グリソム・ホ

ポアンカレ

第
1
夜

月
の
不
思
議

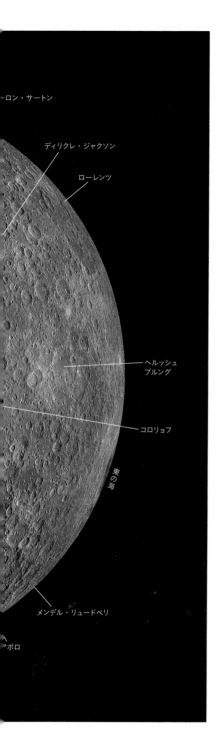

ーロン・サートン

ディリクレ・ジャクソン

ローレンツ

ヘルッシュ
ブルング

コロリョフ

東の海

メンデル・リュードベリ

アポロ

　月の裏側を地球からは見ることができません。月に向かった宇宙船のみがその様子を写真に撮って送ってくれます。人類に月の裏側の様子を初めて伝えたのは、1959年にソ連の月探査機ルナ3号が送ってきた写真でした。また、人が直接、月の裏側を目撃したのは1968年のアポロ8号のミッションによってです。

　月の裏側の様子は予想と異なる姿でした。写真のように月の表面はその多くが海で覆われているのに、裏側にはほとんど海はなく、クレーターで全体が覆われています。これはなぜでしょうか。クレーターは小天体や隕石の衝突によってできる地形です。裏側は表側に比べ、隕石の衝突が長い期間にわたって多く起こったと考えられます。このことから月の自転周期と公転周期が一致したのは随分と昔のことだと分かります。

　もしも月が無かったら……、月からの引力によって潮汐が起こっているのみならず、月が無ければ、地球の自転はもっと速かったはずで、気候は安定しないことでしょう。また、地球の地軸が23.4度傾いているのも月の影響と考えられており、季節の変化が地球で生じなかったかもしれません。その他にも月は地球に大きな影響をおよぼしている天体なのです。

月の満ち欠けと月齢

月の形と見え方

昼間に浮かんでいることもあれば、「あっ久しぶり」なんてこともある月は、
月齢によって見える時間も違います。一見不規則な月の生活サイクルを知
ると、地球の衛星としての親密さが感じられるかもしれません。

新月（朔）…月齢0
太陽とほぼ同じ方向にあるため、太陽の光が当たる側は地球から見えない。新月の前後1、2日間も姿を見つけづらい。

満月（望）…月齢15頃
日没の頃に東から上り、真夜中に南の空に見える。夜明け前に西に沈む。最も月らしい時間帯に空にある。これを境に東側が光るようになる。

三日月…月齢2頃
1日におよそ12度ずつ、月は東に向かって太陽から離れていく。日没後の西の空に見える。

下弦…月齢22頃
真夜中頃に東から上り、夜明け頃、南の空に見える。正午頃、西へ沈む宵っ張りの月。

上弦…月齢7頃
一番よく見えるのは夕方の南の空。光る面積が大きくなり、明るさも増していく。昼頃に東から上り、日没の頃は南天に。真夜中頃、西に沈む。

有明月（ありあけづき）…月齢26頃
夜明け（有明）の東の空に見える。月の左側が輝いて見え、そのまま昼間も太陽の西側に見ることができる。人と行動をともにする時期。

月と弦の話

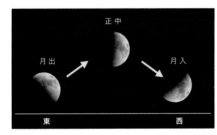

上弦の月
昼間に出て夕方に正中し、深夜に沈む。

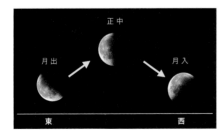

下弦の月
深夜に出て明け方に正中し、昼間に沈む。

　月が新月（朔）から次第に満ちて満月となり、次第に欠けて新月に戻るまでがおよそ1ヶ月（29.5日）。月齢2の日の夕刻には三日月、月齢15の夜には満月を楽しむことができます。月齢7の頃は月の満ち欠けが半分になり、弓の形に見えることから上弦の月と呼ばれています。この頃は夕方から前半夜に南西の方角に月を見かけることが多く、左図のように月は弦を上にした形で見えるからです。

　一方、満月を過ぎ月齢22前後の頃になると、夜が明けてから青空の中、西の空に傾く月を見かけることがありますね。この時、弦は下向きなので下弦の月と呼ばれています。

　アルファベットのDの形が上弦と覚えておくとこれから満ちる月なのか欠けていく月なのかの区別が簡単です。

暦と天文学の不思議な関係

「旧暦」の起こり

　天文学、それは天からの文を受け取る営み。人は古代より月や太陽の動きや変化に注目し、暦すなわちカレンダーを作ってきました。特に月の位相が毎晩変化する月の満ち欠けは、まるで天空上の日めくりのような存在です。月の満ち欠けで1ヶ月を決め、12ヶ月を1年と定めるのが「太陰暦」です。イスラム教の国々では今でも太陰暦を使用しています。しかし、月の満ち欠けはおよそ29.5日周期で×12＝354日では、太陽の周りを地球が公転することで生じる季節の変化の周期365.2425日とは次第にずれていってしまいます。このため、1月1日元旦が冬だったり夏だったりと、生活する上ではちょっと面倒なことになりますね。そこで、地球の公転運動を加味して、365日になるべく1年を近づけるため、「うるう（閏）月」を挿入して調整する「太陰太陽暦」が生まれました。伝統的な暦は太陰太陽暦です。日本でも明治5年まで使っていた旧暦がこれにあたります。

月の運行から離れて

　一方、エジプト暦に始まる太陽の動きに基づく暦が「太陽暦」です。一口に太陰太陽暦、太陽暦といっても、それほど単純ではなく、適正な暦を長く維持することが為政者にとって重要な国の政（まつりごと）でした。紀元前46年、ユリウス・カエサル（シーザー）が定めた暦が「ユリウス暦」で、1年の長さを365.25日とし、各月の長さはそれぞれ固定して4年に1回うるう日を2月の末に入れるというものでした。しか

し、この暦を用いると、1年の長さが実際の長さより約11分間長いため、128年経つと暦上の日付と実際の太陽観測による日付とが1日ずれることになります。数百年程度では季節感のずれはさほどないものの、1500年後には無視しきれないずれになってしまいました。まさしく塵も積もれば山となるのです。

そして天文学へ

　このため、当時のローマ教皇グレゴリウス13世は、春分の日を3月21日に戻すため、1582年に限って10月4日の次の日を10月5日とせずに10月15日と定め、10日間のずれを補正しました。さらに、うるう年の例外として、西暦の年数が100で割り切れる年はうるう年ではないとして、400年に一度（つまり400で割り切れる年は）さらなる例外としてうるう年としました。これが現在、日本をはじめ多くの国々で用いられている「グレゴリオ暦」です。

　日本においても、太陰太陽暦を用いていた江戸時代前期、当時は中国から800年前に渡来した宣明暦を朝廷が用いていたところ誤差が大きく、日食や月食の予報に失敗し続けていました。そこで江戸幕府の命を受けた囲碁棋士、渋川春海が日本で初めての国産の暦「貞享暦」を精密な天体観測の末、苦労して1683年に完成させました。春海は幕府から命を受けて暦を作る初代「天文方」に任じられ、その後の天文学研究のルーツの一つ、今の国立天文台の直系のルーツとなりました。

一番星のための
薄明カレンダー

空が最も美しく感じられるのは、日の出前、日没後の約1時間半。地平線の下にある太陽の光が、大気中の塵や水蒸気によって散乱し、空が薄明るくなるこの時間帯は" 薄明（トワイライト）"と呼ばれています。

★ 札 幌 〈緯度：43.07° 経度：141.35°〉

月日	日出	日入	月日	日出	日入	月日	日出	日入	月日	日出	日入
1／1	7:06	16:10	4／1	5:17	18:01	7／1	3:59	19:18	10／1	5:31	17:17
6	7:06	16:15	6	5:08	18:06	6	4:02	19:17	6	5:37	17:08
11	7:05	16:20	11	5:00	18:12	11	4:05	19:15	11	5:43	16:59
16	7:03	16:26	16	4:52	18:18	16	4:09	19:12	16	5:49	16:51
21	7:00	16:33	21	4:44	18:24	21	4:14	19:08	21	5:55	16:43
26	6:56	16:39	26	4:36	18:30	26	4:19	19:03	26	6:01	16:35
31	6:51	16:45				31	4:24	18:58	31	6:07	16:28
2／1	6:50	16:47	5／1	4:29	18:35	8／1	4:25	18:56	11／1	6:09	16:27
6	6:44	16:53	6	4:22	18:41	6	4:30	18:50	6	6:15	16:21
11	6:38	17:00	11	4:16	18:47	11	4:35	18:43	11	6:21	16:15
16	6:31	17:07	16	4:10	18:52	16	4:41	18:36	16	6:28	16:10
21	6:24	17:13	21	4:06	18:57	21	4:46	18:28	21	6:34	16:06
26	6:16	17:20	26	4:02	19:02	26	4:52	18:20	26	6:40	16:03
			31	3:59	19:06	31	4:57	18:12			
3／1	6:11	17:23	6／1	3:58	19:07	9／1	4:58	18:10	12／1	6:46	16:01
6	6:03	17:30	6	3:56	19:11	6	5:04	18:01	6	6:51	16:00
11	5:54	17:36	11	3:55	19:14	11	5:09	17:53	11	6:56	16:00
16	5:45	17:42	16	3:55	19:16	16	5:15	17:44	16	6:59	16:01
21	5:37	17:48	21	3:55	19:18	21	5:20	17:34	21	7:03	16:03
26	5:28	17:54	26	3:57	19:18	26	5:26	17:25	26	7:05	16:05
31	5:19	17:59							31	7:06	16:09

★ 東 京 〈緯度：35.66° 経度：139.74°〉

月日	日出	日入	月日	日出	日入	月日	日出	日入	月日	日出	日入
1／1	6:51	16:39	4／1	5:28	18:02	7／1	4:29	19:01	10／1	5:36	17:25
6	6:51	16:43	6	5:21	18:07	6	4:31	19:00	6	5:40	17:18
11	6:51	16:47	11	5:14	18:11	11	4:34	18:59	11	5:44	17:11
16	6:50	16:52	16	5:07	18:15	16	4:37	18:57	16	5:48	17:05
21	6:48	16:57	21	5:01	18:19	21	4:41	18:54	21	5:52	16:59
26	6:45	17:02	26	4:55	18:23	26	4:44	18:50	26	5:57	16:53
31	6:42	17:07				31	4:48	18:46	31	6:02	16:47
2／1	6:41	17:08	5／1	4:49	18:27	8／1	4:49	18:46	11／1	6:03	16:46
6	6:37	17:14	6	4:44	18:32	6	4:53	18:41	6	6:07	16:41
11	6:32	17:19	11	4:40	18:36	11	4:57	18:35	11	6:12	16:37
16	6:27	17:24	16	4:35	18:40	16	5:00	18:30	16	6:17	16:34
21	6:21	17:29	21	4:32	18:44	21	5:04	18:24	21	6:22	16:31
26	6:15	17:33	26	4:29	18:47	26	5:08	18:17	26	6:27	16:29
			31	4:27	18:51	31	5:12	18:10			
3／1	6:11	17:36	6／1	4:27	18:51	9／1	5:13	18:09	12／1	6:32	16:28
6	6:05	17:41	6	4:25	18:54	6	5:17	18:02	6	6:36	16:28
11	5:58	17:45	11	4:25	18:57	11	5:20	17:55	11	6:40	16:28
16	5:51	17:49	16	4:25	18:59	16	5:24	17:47	16	6:44	16:29
21	5:44	17:53	21	4:25	19:00	21	5:28	17:40	21	6:47	16:31
26	5:37	17:58	26	4:27	19:01	26	5:32	17:33	26	6:49	16:34
31	5:29	18:02							31	6:50	16:38

※ 太陽の上辺が地平線（または水平線）に一致する時刻を、日の出・日の入りの時刻と定義しています。
※ 年によっては±1分程度のずれが生じます。

★ 京 都 〈緯度：35.02° 経度：135.75°〉

月日	日出	日入	月日	日出	日入	月日	日出	日入	月日	日出	日入
1／1	7:05	16:56	4／1	5:44	18:18	7／1	4:46	19:15	10／1	5:51	17:42
6	7:05	17:00	6	5:37	18:22	6	4:49	19:14	6	5:55	17:35
11	7:05	17:05	11	5:31	18:26	11	4:52	19:13	11	5:59	17:28
16	7:04	17:09	16	5:24	18:30	16	4:55	19:11	16	6:03	17:21
21	7:02	17:14	21	5:18	18:34	21	4:58	19:08	21	6:08	17:15
26	7:00	17:19	26	5:12	18:38	26	5:02	19:05	26	6:12	17:09
31	6:57	17:24				31	5:05	19:01	31	6:17	17:04
2／1	6:56	17:26	5／1	5:06	18:42	8／1	5:06	19:00	11／1	6:18	17:03
6	6:52	17:31	6	5:01	18:46	6	5:10	18:55	6	6:22	16:59
11	6:47	17:36	11	4:57	18:50	11	5:14	18:50	11	6:27	16:54
16	6:42	17:40	16	4:53	18:54	16	5:17	18:45	16	6:32	16:51
21	6:37	17:45	21	4:49	18:58	21	5:21	18:39	21	6:37	16:48
26	6:31	17:50	26	4:47	19:02	26	5:25	18:32	26	6:42	16:47
			31	4:45	19:05	31	5:29	18:26			
3／1	6:27	17:52	6／1	4:44	19:06	9／1	5:29	18:24	12／1	6:46	16:45
6	6:20	17:57	6	4:43	19:08	6	5:33	18:17	6	6:51	16:45
11	6:14	18:01	11	4:42	19:11	11	5:37	18:10	11	6:54	16:46
16	6:07	18:05	16	4:42	19:13	16	5:40	18:03	16	6:58	16:47
21	6:00	18:09	21	4:43	19:14	21	5:44	17:56	21	7:01	16:49
26	5:53	18:13	26	4:45	19:15	26	5:48	17:49	26	7:03	16:52
31	5:46	18:17							31	7:05	16:55

★ 福 岡 〈緯度：33.58° 経度：130.40°〉

月日	日出	日入	月日	日出	日入	月日	日出	日入	月日	日出	日入
1／1	7:23	17:21	4／1	6:06	18:39	7／1	5:12	19:33	10／1	6:12	18:03
6	7:23	17:25	6	6:00	18:42	6	5:14	19:32	6	6:16	17:57
11	7:23	17:29	11	5:53	18:46	11	5:17	19:31	11	6:20	17:50
16	7:22	17:34	16	5:47	18:50	16	5:20	19:29	16	6:24	17:44
21	7:21	17:39	21	5:41	18:54	21	5:23	19:26	21	6:28	17:38
26	7:18	17:44	26	5:35	18:57	26	5:26	19:23	26	6:32	17:33
31	7:15	17:49				31	5:30	19:19	31	6:36	17:28
2／1	7:15	17:49	5／1	5:30	19:01	8／1	5:30	19:19	11／1	6:37	17:27
6	7:11	17:54	6	5:25	19:05	6	5:34	19:14	6	6:41	17:22
11	7:07	17:59	11	5:21	19:09	11	5:37	19:09	11	6:46	17:18
16	7:02	18:04	16	5:17	19:13	16	5:41	19:04	16	6:51	17:15
21	6:56	18:08	21	5:14	19:16	21	5:44	18:58	21	6:55	17:13
26	6:51	18:12	26	5:12	19:20	26	5:48	18:52	26	7:00	17:11
			31	5:10	19:23	31	5:51	18:46			
3／1	6:47	18:15	6／1	5:09	19:23	9／1	5:52	18:44	12／1	7:04	17:10
6	6:41	18:19	6	5:08	19:26	6	5:55	18:38	6	7:08	17:10
11	6:34	18:23	11	5:08	19:29	11	5:59	18:31	11	7:12	17:11
16	6:28	18:27	16	5:08	19:30	16	6:02	18:24	16	7:16	17:12
21	6:21	18:31	21	5:09	19:32	21	6:05	18:17	21	7:19	17:14
26	6:14	18:34	26	5:10	19:32	26	6:09	18:10	26	7:21	17:17
31	6:08	18:38							31	7:22	17:20

地球と近くの星、惑星

Planets orbiting around the sun

「ぼく、こんどは、どこの星を見物したら、いいでしょうかね」
「地球の見物しなさい。なかなか評判のいい星だ……」
と、地理学者が答えました。

冥王星

海王星

太陽

水星

天王星

地球

金星

小惑星

木星

地球と近くの星、惑星

　私たちの住む太陽系には、地球の直径の
109倍、質量で33万倍の巨大な太陽という
恒星と、その周りを公転する8つの惑星、多数
の小惑星、彗星、そして各惑星の周りを公転
する衛星などがあります。質量や形状は異なれ
ど、太陽を中心とした天体は、一つの家族的

な集まりだと考えられています。
　図のように惑星、小惑星、太陽系外縁天
体、彗星などの天体が太陽の周りを公転して
います。公転の速さは太陽に近いものほど速
く、太陽から離れるほど遅くなります。8つの惑
星は太陽と一緒に46億年前に誕生したの

© KAGAYA

火星

ハレー彗星

the solar system

土星

太陽系のながめ

地球と近くの星、惑星

で、太陽の自転と同じ方向に、ほぼ円に近い楕円軌道を公転しています。公転している面もほぼ同じ。太陽の赤道面の延長線上の面を回っています。一方、小惑星や太陽系外縁天体はほぼ円に近い楕円軌道ではありますが、軌道の傾きが惑星に比べると大きいものもあります。彗星の多くは細長い楕円軌道を回っていて、あらゆる方向から太陽に近づいています。惑星の周りを公転している小天体が「衛星」で、月は地球の衛星です。

横から見ると…

太陽からの距離 ▶　　1億4960万km＝1天文単位 ▶

| 太陽 | 水星 | 金星 | 地球 | 火星 | 小惑星帯 | 木星 |

地球型惑星
（岩石惑星）

　太陽系の第3惑星・地球まで太陽からは
1億4960万km。これを太陽系内の距離の
単位として使いましょう。太陽 − 地球間の平
均距離を1天文単位と呼びます。太陽から土
星まではその10倍の10天文単位、太陽系
外縁天体の冥王星までは40天文単位、太
陽系の果てにあるオールトの雲までが、およそ
1万〜10万天文単位です。オールトの雲は

彗星の巣、太陽系を球殻状に取り囲んでいる
と想像されています。
　太陽に近い惑星、水星、金星、地球、火星
は岩石でできた天体で、大きさが太陽の100
分の1程度。この4つを地球型惑星と呼びま
す。広い宇宙、宇宙人が住んでいるとしたらきっ
と地球のような惑星（岩石質でできていて、大
気や海がある惑星）なのでしょう。木星と土星

土 星　　　　　　　　　　　　　　天王星　　　　　　　　海王星　　　冥王星　エリス

木星型惑星　　　　　　　　　　　　　　　　　天王星型惑星　　　　　　　太陽系外縁天体
（ガス惑星）　　　　　　　　　　　　　　　　　　（氷惑星）

地球と近くの星、惑星

は水素やヘリウムでできた巨大なガス惑星で木星型惑星と呼ばれます。最近ではさらに天王星、海王星を天王星型惑星と分類する場合もあります。表面は木星、土星に似ていますが、中身は主に氷であることが分かってきました。

　火星と木星の間にあるのが小惑星帯。直径1000km 以下の岩石からできた小天体の集まりで、すでにおよそ100万個もの小惑星が確認されています。一方、海王星の外側にある小天体は主に氷でできていて、2006年以降、太陽系外縁天体と呼ばれるようになりました。ここには3000個近くの天体が発見されており、丸い形をした太陽系外縁天体は冥王星型天体（太陽系外縁天体でかつ準惑星の天体）と呼ばれています。

Mercury　　　　水　星　　　…すいせい

韋駄天星の宿命

かのニコラウス・コペルニクスでさえ、一生に一度も見ることができなかったと噂される惑星・水星。誰でも知っている水・金・地・火・木・土・天・海という惑星8兄弟の長男にして、なぜ、目撃するチャンスが少ないのでしょう？　それは太陽に近すぎるから。水星は太陽から0.4天文単位の距離を回っているので、地球から見ると、常に太陽のすぐ近くにしかいません。つまり、夕方、太陽が沈んだ直後の西の低空か、朝方、太陽が上る直前の東の低空にしか顔を出さないの

水星の南半球。マリナー10号が捉えた領域は全球の半分程度。

です。水星のチャームポイントは「速い、小さい、密度大」。88日間で太陽の周りを回っている韋駄天の星です。太陽系の公転レースはインコースが常に優勝。それは太陽との引力によって、近いところほど高速公転しないと、太陽に落ちてしまうから。惑星の運動のルールは、ヨハネス・ケプラーによる「ケプラーの3法則」に従っています。

1973年に打ち上げられたマリナー10号が撮影した水星の表面は、あばた顔でまるで月と瓜二つ。月の1.4倍の直径しかない水星は、重力が小さく大気をほとんど保つことはできません。JAXAとESA（欧州宇宙機関）とが共同で水星の謎ときに挑む「ベピ・コロンボ」ミッション。2018年に打ち上げられ、2025年に水星に到着予定です。

メッセンジャー探査機が捉えたマティス・クレーター。南半球の明暗線（昼と夜の境目）付近にある。「マーキュリー（水星）＝芸術の神」にちなんで芸術家の名前が多く、こちらも画家アンリ・マティス（Henri Matisse）から命名。

information

太陽からの平均距離：0.579×10^{8}km、0.39au　大きさ（赤道半径）：2,439km　質量（地球＝1）：0.05527　大気の組成：Na 86%、その他（He 等）　平均密度：5.43g/cm^3　公転周期：87.97日　自転周期：58.65日　平均表面温度：170℃　衛星数：0

金 星

…きんせい

双子の運命を分けたもの

宵の明星、明けの明星といえば、金星。金星は最も地球に近い惑星で、地球からはその分厚い大気で表面の様子を見ることができませんが、厚い雲は太陽光を反射し、マイナス4等級という1等星の100倍もの明るさで輝いています。

金星と地球は大きさも形もほぼ同じ、46億年前に仲良く誕生したまるで双子のような惑星です。しかし、現在の金星は似ているのは外見のみ。その環境は地球とはまったくの別世界です。表面の温度はおよそ500℃、気圧は90気圧（水深900mと同じ！）。地球上の生き物は誰も生き残れない過酷な環境です。その理由は分厚い二酸化炭素の大気にあります。金星では二酸化炭素を大量に含んだ大気が冷えることがなく、温室

「パンケーキドーム」と呼ばれる、ホットケーキ型の奇妙な形をしたドーム状火山。テッセラという複雑な地形の付近に、粘性の高い溶岩が噴出してできたと推測されている。

効果が大気中に太陽エネルギーを蓄え、もともとあった水蒸気（水の分子）も、水素と酸素に分かれて宇宙空間に逃げていってしまいました。

2つの惑星の運命を分けたもの、それは太陽からの距離の違いでした。恒星からの光エネルギーを受けて、水が液体のままでいられる範囲を「ハビタブルゾーン（生命居住可能領域）」と呼びます。太陽から1億km離れた金星と1億5000万km離れた地球。太陽系でのハビタブルゾーンは、地球から火星ぐらいまでで、金星は太陽に近すぎた惑星なのです。

金星の大気は謎ばかり。硫酸の雲が硫酸の雨を降らし、大気は時速360kmという猛烈なスピードで運動しています。この大気の回転は「スーパーローテーション」と呼ばれていますが、その高速自転の謎を解くために、2010年、日本の金星探査機「あかつき」が打ち上げられました。2015年には金星の周回軌道に乗ることに成功し、金星大気を観測しています。

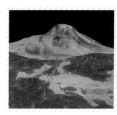

標高8000mのマート・モンス火山の3次元地形図。山腹から手前の山麓にかけて、火口から流れ出した溶岩が数百kmにもわたって広がる。平原の多数の亀裂は、過去の複雑な地質活動を示している。

information

太陽からの平均距離：1.082×10⁸km、0.72au　大きさ（赤道半径）：6,052km　質量（地球＝1）：0.8150　大気の組成：CO₂96.5%、N₂3.5%　平均密度：5.24g/cm³　公転周期：224.70日　自転周期：243.02日　平均表面温度：460℃　衛星数：0

地 球

… ちきゅう

奇跡の星・地球

第2夜

「かけがえのない星・地球」、太陽からの距離がちょうどよく、その表面に液体の水と大気を保ち、大気が多重バリヤーとなって宇宙からの有害な光線の侵入を防いでいます。宇宙の中で、液体の水をその表面に保つことができる場所をハビタブルゾーン（居住可能領域）と呼びます。

この広い宇宙において、生命はまだ、地球以外の星では見つかっていません。地球は奇跡の星なのかもしれません。今、天文学者は太陽系外に惑星をたくさん見つけています。その数はおよそ5000個にものぼります。きっともう

少しで、知的生命体の住む星を見つけ出すことでしょう。

地球の表面には海と大気があるのに、同じハビタブルゾーンにある月にはなぜ、液体の水も大気も無いのでしょうか？ それには天体のサイズが関係しています。月は地球の直径のほぼ4分の1。質量は80分の1と小さいため重力が小さく、大気を十分に保つことができないのです。

地球で生命が誕生したのは38億〜35億年前と考えられていますが、まだ、どこでどのように誕生したのかは解明されていません。地球での生命誕生の謎に多くの科学者が今も取り組んでいます。地球上の生物は、過去5回にわたる大絶滅や2回のスノーボールアース（全球凍結）の時期を超えて、今では陸海空そして地下を含め、人類が知っているだけで180万種もの生物で溢れています。それだけではなく私たちの知らない未知の生物種はその10〜100倍は地球に暮らしていると考えられているのです。まさに奇跡の星・地球。

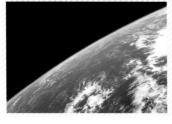

地球と近くの星・惑星

▲ 1966年8月23日、月の距離から初めて撮った地球の写真。NASAのルナ・オービター1号による。

◀ 人間が外側から初めて地球を見たのは1961年4月12日、ソビエトのユーリ・ガガーリン少佐による。約1時間50分かけて地球を1周した。

information

太陽からの平均距離：1.496×10⁸km、1au　大きさ（赤道半径）：6,378km　質量（太陽＝1）：3.0404×10⁻⁶　大気の組成：N₂78%、O₂21%、その他1%　平均密度：5.51g/cm³　公転周期：365.2425日　自転周期：0.9973日　平均表面温度：15℃　衛星数：1

火 星

… かせい

かつては宇宙のオアシスだったのか？

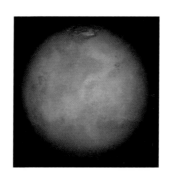

　２年と２ヶ月ごとに地球に接近する火星。火星の軌道は楕円のため、接近のたびごとにその距離が違います。大接近すると両者の距離は5600万kmまで近づきます。次に大接近するのは2035年。さてどんな様子を見せてくれることでしょう。かつて火星が大接近した時、望遠鏡でその表面を眺めると赤い大地の上に黒い模様が見えるため、火星人が建設した運河だとの誤解が広がりました。1938年には火星人が地球に攻めてきたというラジオ番組を聞いて米国でパニックが起こったぐらいです。

　その火星にも、1960年代に入って次々と火星探査機が向かうようになり、運河はもちろん宇宙人が住めるような環境ではないことが分かりました。火星は地球の質量の10分の1の惑星。大気は薄く0.006気圧しかありません。感覚的にはほぼ真空に近いイメージで宇宙服なしでは過ごせない環境なのです。もし、火星が地球ぐらい大きかったらと残念がる人も多いこ

衛星フォボス（左）とダイモス（右）。どちらも直径数十kmと小さく、球形ではない。「マルス（火星）＝軍神」にちなみ、ギリシャ神話でその二人の息子の名が付いた。フォボス＝狼狽、ダイモス＝恐怖、の意を持つ。

とでしょう。火星はハビタブルゾーンの端に位置していて、今でも生命が存在しているかもしれないのです。小さな火星は地球より進化が早く、磁場形成に必要な液体状の中心核は存在しませんし、かつては地表を覆っていたであろう大量の水も、今では凍土となって地下に凍結しています。

　火星にはかつて生命が存在していたのか？今でもバクテリア程度の生物が暮しているのか？　火星生命への興味は今も尽きません。2012年に火星に着陸したNASAの火星探査車「キュリオシティ」。火星の赤道付近にあるゲール・クレーター内を、有機物や生命の痕跡がないかを調べています。さらに2021年には、火星探査車「パーサビアランス」がジェゼロ・クレーターへ着陸。生命の痕跡探しが続けられています。

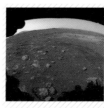

左／2021年3月4日、パーサビアランスが初めて火星を走行した際に撮影。右／ドリルで穴を掘り、火星の岩石サンプルを採取する（イメージ図）。

information

太陽からの平均距離：2.279×10⁸km、1.52au　大きさ（赤道半径）：3,396km　質量（地球＝1）：0.1074　大気の組成：$CO_2$95％、$N_2$3％、その他2％　平均密度：3.93g/cm³　公転周期：686.98日　自転周期：1.03日　有効温度：−60℃　衛星数：2

木 星

太陽になれなかった星の尊厳とは

地球に対して直径が11倍、質量が300倍を超える太陽系最大のガス惑星。木星は太陽になりそこなった惑星といわれることもありますが、実際には今の80倍の質量がないと水素の核融合反応は始まらないと考えられています。木星の質量は太陽の質量の1000分の1程度しかないのです。しかし、この巨大惑星を取り囲む個性的な衛星たちは、まるで木星を王にミニ太陽系を形成しているかのようです。

木星の衛星。左からイオ、エウロパ、ガニメデ、カリスト。1610年にガリレオが発見したことからこの4つを「ガリレオ衛星」と呼ぶ。2020年時点で木星には79個の衛星が見つかっている。

高気圧性の巨大な渦、大赤斑。この一つに地球2〜3個分が入る大きさを持ち、雲頂高度は周囲より8kmほど高い。6日程度の周期で回転しており、存在する高さや温度によって他に白や茶色の楕円もある。

木星には70個を超える衛星が見つかっていますが、1610年にガリレオ・ガリレイが口径4cmの望遠鏡でいち早く発見した4つの巨大衛星なら、どなたでも小型望遠鏡で簡単に見つけることができることでしょう。木星に近い順に、イオ、エウロパ、ガニメデ、カリストと大神ゼウスと関わりのある者たちの名前を付けられた衛星たち。1979年、相次いで木星を訪れたボイジャー1号と2号は、イオの表面で硫黄のガスを噴き上げる巨大な活火山を目撃します。これは人類にとって衝撃的な画像でした。地球以外の星で活動中の火山が見つかった最初の例でした。また、エウロパやガニメデの表面が氷で覆われている姿を撮影しました。カリストでは直径3000kmを超える巨大なクレーターも見つかっています。その後、1990年代の木星探査機ガリレオの活躍により、エウロパやガニメデには氷の表面の内部に液体状の海がある可能性が強まりました。生命の存在も期待されています。また、NASAの木星探査機ジュノーが2011年に打ち上げられ、2016年に木星に到着。木星大気や磁場を詳しく観測しました。

information

太陽からの平均距離：7.783×10⁸km、5.20au　大きさ(赤道半径)：71,492km　質量(地球＝1)：317.83　大気の組成：H₂89%、He11%　平均密度：1.33g/cm³　公転周期：11.86年　自転周期：0.414日　有効温度：−150℃　衛星数：79(軌道が確定したものは72)

土 星

…どせい

美しい環のダンス

望遠鏡を手に入れたら何を真っ先に見てみたいですか？　多くの人たちが土星と答えています。最も人気のある天体ともいえる土星とはどんな惑星なのでしょう。土星は木星同様、水素とヘリウムのガスを主成分とした巨大ガス惑星です。比重が0.69と水よりも軽くスカスカの惑星。約10時間40分で一回転という高速自転のため、赤道方向に最もつぶれた楕円体をしています。

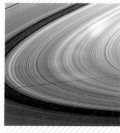

カッシーニ探査機による土星の環。外側までの直径約27万kmに対し、厚さは100mと極めて薄い。環の中に小さなプロペラ構造が見つかっており、環に埋もれた小衛星の重力により生まれたと考えられているが、詳細は未だ不明。

木星、天王星、海王星にもそれぞれ環がありますが、土星の環は格別です。地上から口径5cmの望遠鏡で環の様子を確認することができます。その環を2機のボイジャー探査機が詳細なクローズアップ写真に写しだしたところ、数えきれない無数の細い環の集合体として環が成り立っていることが分かりました。まるでDVDやCDの表面の溝のような細い環の集まりです。この美しい環はどうやってできた

のでしょうか？　細い環の正体は、数十cmから数m程度の小さな氷の塊が土星の周りを公転している姿で、一つ一つの氷粒がつながりあって回っているわけではありません。土星が出来上がった際に、本体に集まりきれなかった氷が周りを回りながら環を形成したという説と、形成後に彗星などの小天体が土星に近づきすぎてバラバラになったという説との両方が考えられています。

ところで、ガリレオ・ガリレイが土星を観察した際、この構造を環と気づかなかったのはなぜでしょう。土星は太陽の周りを約30年で公転しており、太陽に近い地球から見ても土星の環は15年おきにまったく見えなくなることがあります。つまり土星の環は極めて薄いリングであり、土星の傾き具合によってはまるで土星の耳のように見えたり、串に刺された惑星のように見えたりするというわけです。

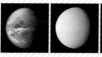

土星の衛星。左から順に、表面が窒素に覆われ、メタンやエタンが雨として降り注ぐタイタン、南極付近から氷が噴き出し、有機物が見つかっているエンケラドス、大部分が氷でできたレア、ミマスなどさまざまな特徴を持つ。

information

太陽からの平均距離：14.294×10⁸km、9.55au　大きさ（赤道半径）：60,268km　質量（地球＝1）：95.16　大気の組成：H₂96%、He3%
平均密度：0.69g/cm³　公転周期：29.46年　自転周期：0.444日　有効温度：－180℃　衛星数：82（軌道が確定したものは53）

第2夜

地球と近くの星、惑星

天王星

横倒しで自転を続ける不思議星

明るさ約6等級の天王星は、暗い条件のよい星空の下、視力のよい人なら肉眼でその星からの光を受け取ることができる明るさです。しかし、夜空に同様の明るさの6等星は3000個近くも見えていて、1年間で動く量もわずかなため、星座の中でのその存在に気づいていた人はほとんどいませんでした。1781年のことです。イギリスのウィリアム・ハーシェルが望遠鏡を用いて約20天文単位離れた直径が地球のおよそ4倍の巨大氷惑星・天王星を発見しました。当時、星座を作る星々と違う動きをする星が、日、月、火、水、木、金、土の7天体しか知られていなかった頃、新しい惑星の発見は衝撃的な出来事でした。

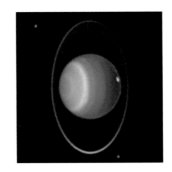

今では地上の大型望遠鏡を用いて天王星の環を撮影することも可能です。その環は土星と違って縦方向（南北方向）に伸びています。

つまり、天王星は太陽系の惑星の中では唯一、横倒しになって自転している不思議な惑星です。遥か昔に巨大な天体が衝突して、その衝撃で横倒しになったのかもしれません。

他の惑星の周りを回る衛星たちには、ギリシャ神話をはじめ神話の世界にちなんだ名前が付けられていますが、天王星の衛星にはシェークスピアかアレキサンダー・ホープの作品の登場人物の名前が付けられています。現在、27個の衛星が見つかっていますが、そのうち何人ご存じですか？

表面はメタンの厚い雲に覆われ模様はあまり見られない。大気中のメタンが赤色を反射しにくいため、青色に見える。

▶ 天王星を訪れた唯一の探査機、ボイジャー2号が1986年に捉えた天王星の環。環は6億歳未満とみられ、大きな天体が衝突するなどで定期的に新しく生まれているのではと考えられている。

◀ 天王星5大衛星の一つミランダ。つぎはぎのように時代の異なる地質が混成し、過去に何度も破壊され、不死鳥のように再び集まって現在の姿があるとされる。

information

太陽からの平均距離：28.750×10⁸km、19.22au　大きさ（赤道半径）：25,559km　質量（地球＝1）：14.54　大気の組成：H₂83%、He15%　平均密度：1.27g/cm³　公転周期：84.02年　自転周期：0.718日　有効温度：－210℃　衛星数：27

海王星

理論的推算から発見された初めての惑星

2006年、国際天文学連合（IAU）は、プラハで行われた総会において、出席した天文学者全員による採決で、冥王星を惑星ではなく、冥王星型天体の代表という位置づけにすることを決めました。海王星の外側に1992年以降、次々と

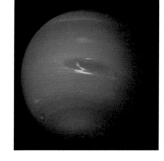

氷でできた小天体が見つかってきたからです。それらは太陽系外縁天体と総称されますが、その中でも大型のものは準惑星に区別され、太陽系外縁にある準惑星を冥王星型天体と呼ぶことになったのです。このため、突然、海王星は太陽系で最も遠くにある惑星という地位を得ることになりました。

海王星は、天王星とよく似た大型の氷惑星です。1846年に理論的な予測に基づいて発見されました。太陽からの距離は約30天文単位。公転一周に165年もかかりますので、2011年にようやく発見後一周を達成したことになります。

木星の表面に見られる大赤斑に対して、海王星の表面にはボイジャー2号が撮影した際には黒い大型の斑点が見られましたが、すでにその大黒斑はハッブル宇宙望遠鏡からの撮影で消滅したことが分かっています。

海王星の衛星で最も注目されているのはトリトン。トリトンの表面に

ボイジャー2号が捉えた衛星トリトン。表面の気温は約−235℃、主に窒素の霜で覆われている。現在までに見つかった海王星の14の衛星の一つ。

上／ボイジャー2号が捉えた海王星の環。5つの環は惑星側から順にガレ環、ルヴェリエ環、ラッセル環、アラゴ環、アダムズ環。彗星が接近した際に潮汐力で崩壊し、環が形成されたという説もあるが詳細は不明。
下／トリトンの地表にはマスクメロンの表皮に似た網の目の地形があり、カンタロープ（メロンの一種）地形と呼ばれている。

は窒素を噴き上げる活火山が見つかっています。活火山といってもマイナス200℃以下の極寒の地のため熱く煮えたぎるマグマではなく、この温度でも沸騰する窒素などを噴出しているのです。

information

太陽からの平均距離：45.044×10⁸km、30.11au　大きさ（赤道半径）：24,764km　質量（地球＝1）：17.15　大気の組成：H₂80％、He19％　平均密度：1.64g/cm³　公転周期：164.77年　自転周期：0.665日　有効温度：−220℃　衛星数：14

第2夜

地球と近くの星、惑星

Dwarf Planet

準惑星

…じゅんわくせい

左が冥王星、右下がカロン。冥王星は、海王星軌道より外側に広がる太陽系外縁天体に含まれる。

新しく定義された星々

「冥王星、惑星降格」――このニュースが世界を駆け巡ったのは2006年夏のこと。国際天文学連合（IAU）はその年の総会で「惑星の条件」を次のように決めました。太陽系の惑星とは……

1）太陽の周りを回っている

2）ほぼ球形になれるだけの質量（重力）がある

3）軌道の近くに衛星以外の天体がない

　そして3）を満たさず、衛星ではない天体を「準惑星」、海王星以遠に多く見つかり始めた氷の小天体を「太陽系外縁天体」、そして惑星・準惑星・衛星ではない天体を「太陽系小天体」と初めて明確に整理しました。冥王星はもちろん「降格」ではなく、あくまで分類が変わっただけ。太陽系外縁部には準惑星エリスをはじめ非常に多くの天体が発見され、冥王星の軌道の10倍以上も遠くまで広がっていることが分かっています。

Minor Planet

小惑星

…しょうわくせい

1801年に小惑星として初めて発見された天体、ケレス。小惑星番号1番を持つ。

B612の仲間たち

　主として火星と木星の間に存在し、太陽を回っているたくさんの天体のことで、大きさも成分もさまざまですが、岩石が主体です。最も大きなケレス（準惑星の一つ、冥王星型天体以外の準惑星は現在ケレスのみ）でも直径は950kmで、一番小さい惑星である水星の5分の1しかありません。

土星の第7衛星、ヒペリオンは太陽系で2番目に大きな非球形天体。いびつな形で、自転周期と自転軸は不規則に変化している。

Satellite　　衛　星　…えいせい

　地球に対する月のように、自分よりも大きな惑星や小惑星などの周りを回る天体。質量の大きな木星型惑星の周りには、たくさんの衛星が見つかっています。その中には、木星の衛星ガニメデや土星の衛星タイタンなど、水星より大きいものもあります。

Comet　　彗　星　…すいせい

　細かな塵を含む氷が主成分の天体で「ほうき星」とも呼ばれます。太陽に近づいて氷が蒸発したものがガス化して広がったり、このガスや塵が太陽からの光や粒子に吹き流されて尾となります。彗星の中には、太陽や地球のすぐ近くまで接近するものもある一方、木星のあたりまでしか近づかないものもあります。彗星のもとは、外の方の太陽系外縁天体や、もっと遠くのまだ誰も見たことのないオールトの雲からやってくると考えられています。

2011年に国際宇宙ステーション（ISS）から撮影されたラブジョイ彗星。先端が大気光にかかっている。

2009年、火星探査車オポチュニティが火星表面で発見した幅60cmほどの岩。隕石とみられている。

Meteor and Meteorite　　流星と隕石　…りゅうせいといんせき

　太陽の周りを回っている小さな塵が地球に飛び込み、地球大気にエネルギーを与え、大気を光らせるのが流星（流れ星）ですが、大きな塊が地球に飛び込むと、大気中で燃え尽きずに地表に落ちてくることがあります。これが隕石です。彗星からは尾とともに小さな砂粒等が大量に飛ばされ、これが彗星の通り道近くを動いています。このような彗星の通り道を地球が横切ると、たくさんの流星が観測されます。これが流星群で、しし座流星群、ペルセウス座流星群などが有名です。

古代宇宙に存在した天体「ヒミコ」

大内 正己（国立天文台科学研究部教授／東京大学宇宙線研究所教授）

「ヒミコ」を見つけたのは、2008年2月のことでした。ヒミコは、信じられないほど大きく、そして約130億年前という、圧倒的に昔の宇宙にある銀河でした。当時所属していたカーネギー天文台のデスクで、その観測結果に思わず叫ぶと、"…Are you ok, Masami?"と心配そうに同僚の声が返ってきました。

∞　∞　∞

小学校1年生の時、学級文庫に、地球46億年の歴史が紹介された本がありました。クラスの皆に人気があって、順番を待ち、ようやく借りて家に帰って広げてみました。そこには、地球の始まりは岩石が集まっただけの状態で、水はないし、当然緑もない、まるで地獄のような世界が描かれていました。「むかしむかし、おじいさんとおばあさんが……」という、それまで親しんでいた昔話ではない、もっと遥か昔、この場所はそんな世界だったの？ なんで？……と思ったら、急に涙が溢れ出して、近くにいた母親に見られるのが恥ずかしくて、ベランダに飛び出た覚えがあります。自分は本当にちっぽけな存在で、この本の中で書かれている地球とは全然桁が違う。それが子どもながらにも分かり、激しく心が揺さぶられました。

中学、高校時代には、自然科学の研究全般に惹かれていました。その頃、宇宙では「大規模構造」をはじめ、色々なことが見つかり始めた時代です。銀河は宇宙のスケールでは無秩序に存在するのではなく、泡構造と呼ばれる細胞のような形に並んでいること、数億光年を超える大きさのグレートウォールと呼ばれる壁がある一方で、ボイドという銀河のほとんどない場所がある。生物の授業では細胞についても学んでいたため、我々も、銀河も、大きな宇宙の細胞の中にいるということかと考えたり、宇宙の構造にパターンがあるなら、なぜその規則正しい仕組みができたのか、ということに関心がありました。

同時に、素粒子物理学の魅力にも惹かれました。物事を究極の小さいものまで見ると何があるのか、想像するだけで楽しいです。一方で宇宙は、物事を究極まで大きいスケールで見る。その両極に憧れながら、壮大な歴史を持ち、究極的に大きくて、重くて、熱くて……という宇宙への道を選ぶことになります。

現在、僕がやっているのは、宇宙の歴史学者のような仕事です。望遠鏡で昔の宇宙、遠い宇宙を見て、138億年の歴史を持つ宇宙がどのようにしてできたのか、この中で46億年前の地球誕生を経てどのように現在の姿が形作られたのかを探っています。

光は何よりも速いですが、宇宙のような大きなスケールを伝わるのには時間がかかってしまいま

す。月から出された光は地球までは1秒、太陽から出された光だと8分かかります。つまり、地球で私たちが見るのは1秒前の月の姿、8分前の太陽の姿なのです。太陽と同じように自ら光る恒星の中で、地球に一番近いのは、約4光年先にあるプロキシマ・ケンタウリ。今その星を見ると、約4年前の姿が見えます。10億光年先の星々を見ると、10億年前の姿です。50億、100億、遠くに行けば行くほど、昔の姿を見ることができるのです。ただ、遠くにある星々ほど暗い。だから多くの光を集めるために、少しでも大きく性能の良い、ハッブル宇宙望遠鏡やすばる望遠鏡で宇宙の彼方から来る弱い光を捉え、その姿を調べています。現時点で見えているのは、130億年前頃までの姿です。

　地球を含む天の川銀河は、円盤のような形をしていて、その中に1000億個くらいの恒星があります。望遠鏡で普通に観測をすると、近くにあるそれらの恒星から遠くの銀河までが一緒に入ってきます。混雑する中で目当ての銀河を見つけるのは困難なので、遠くの銀河に絞って見る時は、通常「宇宙の窓」と呼ばれる、手前の星や塵に邪魔されない方向を観測しています。これは、円盤状の天の川銀河内の地球から円盤に対して垂直方向にあたるため、邪魔するものが少なく、遠くを見渡すには好都合だからです。「宇宙の窓」は真っ暗で肉眼でも家庭用の望遠鏡でも何も見えませんが、すばる望遠鏡のような大きい望遠鏡だとたくさんの銀河があるのが分かります。

　当時、僕はすばる望遠鏡を使って、くじら座の「すばるXMMニュートンディープフィールド」と呼ばれる領域で、遠方銀河の候補天体を探索していました。目標の遠方銀河は地球から約130億光年ほど離れた距離にあり、その頃では観測できる宇宙の最深部です。遠方銀河であることを確かめるには、すばる望遠鏡でまず候補天体を見つけた後、同じハワイのマウナケア山頂にあるケック望遠鏡で、分光観測を行います。候補天体までの距離をそこで測り、初めてどの距離に位置するかが分かるのです。

　すばる望遠鏡やケック望遠鏡などの大望遠鏡は人気があり、使用できるのは一年に一度あるかないか。そんななかで、すばる望遠鏡の観測から207個の候補天体が挙がりました。ただ、このうち約1割は数十億光年先にある銀河の酸素が出す光など、手前側の天体が含まれています。ケック望遠鏡で分光観測を行うにあたり、そこから10個程度に絞り込みます。後にヒミコと呼ばれるようになる天体は、他に比べて極端に明るい。仮に129億光年彼方にあるとすると、その直径は約5万5千光年。現在のビッグバン宇宙論では非常識なほどの大きさです。特に明るい場合、手前の銀河である可能性が高いため、これは怪しい、偽物天体の典型だな、と最初は思いました。貴重な観測時間を偽物らしい天体に費やすなんて馬鹿げています。普通は明るい天体ほど分光観測をしやすいため、明るい順に観測します。だけど、今回の天体は嘘だろう、でかいよね、と。一旦はそれを外して、2番目に明るい天体からリストを作りました。

　ただ、その後にどういうわけか罪の意識を感じて、改めてデータや画像を見直したんです。特別大きくて明るいという以外は、偽物の可能性が低い、確かに130億年くらい前の天体に見られる特徴的な色をしていました。常識的じゃないけど、本物だったら面白いよね、観測

時間を無駄にしても、頑張ってそれを見てみよう、となったんです。

ところが、2007年11月5日、マウナケア山付近の天気予報は最悪でした。コナ空港に到着した時には絶望的だったのですが、当日の夕方になると、わずかながら雲が切れて夜空が見えるようになり、夕方から9時頃まで最初の3時間、ケック望遠鏡での観測ができたのです。観測後に現地で分光データをざっと見て、やっぱりだめだな、と。「これ見てよ、大きすぎるでしょう。近くにある典型的な銀河だったよ」と仲間に言って持ち帰り、丁寧にデータ解析をしてみました。

そこに表われたのは、非常に遠い天体にしか見られないはずのライマン・アルファ輝線。この天体が、やはり並外れて昔の宇宙にあるのが分かったのです。これはすごい、この時代の宇宙にこんな大きな銀河が？　と。

138億年前、宇宙は高温・高密度の火の玉状態のビッグバンによって始まりました。それから約2〜10億年にわたる「宇宙の再電離期」と呼ばれる激動の時代、古代宇宙にあったこの銀河を僕は「ヒミコ」と名付けました。この時代に、最初の星やブラックホール、第一世代の銀河が作られ始めたと今は考えられています。でも、小さな天体が重力で徐々に集まり、大きな天体が形作られたという宇宙論では、宇宙創成初期にこれほど巨大な天体がある理由を説明するのが難しいのです。ヒミコの発見によって宇宙の歴史の解釈が、大きく変わっていくかもしれません。

自然科学には観測と理論という道筋があります。親しみにくい、難しいものだと思われがちですが、物理学のほとんどはひょんなことから発見に繋がることがあります。例えば有名なニュートンの力学やマクスウェルの電磁気学などは、身の回りの自然を観察することから始められたものです。目の前で起きているこの現象を、どうしたらもっともシンプルに説明できるか。帰納的に全部のことを一つの数式で説明できるか、歩きながら考えていきます。扱っているものが大きいか小さいか、重いか軽いか、熱いか冷たいか……日常生活に置き換えられるものばかりです。自然を楽しいな、と思う心があれば難しいことではありません。

壮大な宇宙の歴史を、きちんと解明できるのは僕より何世代も後かもしれません。でも、僕らは知恵と知識のフロントランナーである誇りが、それぞれの胸の内にあります。誰もまだ知らないことを見つけようとしている、という誇り。何世代か後の人は我々を越えていくけれど、僕たちも同じように、前の世代の発見や成果を越えて現在があります。だから少しでも先を目指して全力を傾けたい。

自然科学はとてもフェアな学問です。研究に注いだ時間や業績がどうであれ、それが誤りであれば容赦なく真実が覆されていく。立場は関係ありません。誰が面白いものを見つけるかは競争です。ボールの奪い合いで、結構熾烈な争いをしながらも、かつての知を越えていくこと。それは人間にしかできないと思っています。

大内 正己（おおうち・まさみ）

1976年、東京都八王子市生まれ。国立天文台科学研究部教授と東京大学宇宙線研究所教授を兼任。東京大学大学院理学系研究科博士課程修了。理学博士。アメリカ宇宙望遠鏡科学研究所ハッブル・フェロー、カーネギー天文台カーネギー・フェローなどを経て現職。著書に『宇宙（小学館の図鑑NEO）』（小学館：共著）がある。すばる望遠鏡やハッブル宇宙望遠鏡といった世界最先端の望遠鏡を駆使して、人類が未だ目にしたことのない宇宙に挑戦している。世界の歴史と文化の探求をライフワークとし、各地で食べ歩きと飲み比べを欠かさない。

第 *3* 夜

流星、彗星、日食……
特別な天文現象

Celestial events
Meteor, Comet, Solar eclipse, etc.

王子さまは、とある石に腰をおろして、空を見あげながらいいました。
「星が光ってるのは、みんながいつか、じぶんの星に帰っていけるためなのかなあ。
ぼくの星をごらん。ちょうど、真上に光ってるよ……。
だけど、なんて遠いんだろう！」

天文現象のabc

流星、彗星、日食……特別な天文現象

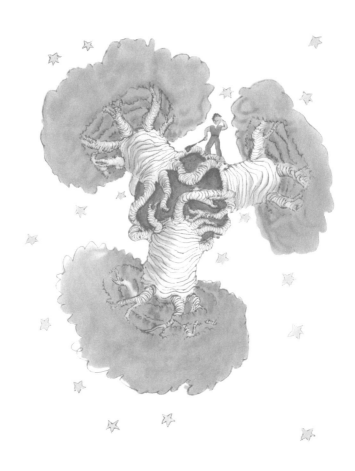

人は日食や月食、大彗星の出現や流星雨、超新星の出現等々の突然の天文現象に驚き、それを天からの文として読み解こうとしてきました。自然現象、天文現象の理解、解明こそが科学の発展を推進してきたのです。

この数十年の間に一般の人が興味を持つような天文現象が次々と起こりました。1997年のヘール・ボップ彗星の出現、1998〜2001年のしし座流星群、2003年の火星大接近、2012年の金環日食、金星の太陽面通過などです。彗星とは、直径数km〜数十kmの氷の細かな塵を含む氷が主成分の天体で、太陽に近づくと熱せられて氷が溶け、地球から見て天空に伸びる長い尾を観測でき

ることがあります。肉眼でも長い尾が見えるような大彗星は突然出現することがほとんどです。彗星がその軌道上にまき散らした塵粒が地球の大気と衝突して発光する現象が流れ星で、過去のしし座流星群のように、突然、雨のように流星がたくさん流れたこともあります。彗星も流星雨も火星も、古今東西、天文学にあまり縁のない人々の関心までも集めてきた天体たちです。

一方、太陽系外で起こる突発的な天文イベントもあります。おうし座の角の先にあるかに星雲（M1）は、平安時代（西暦1054年）に爆発した星の残骸で、この時、数日間は昼間でも爆発した星が見えていたことが、歌人藤原定家が鎌倉時代に書き残した『明月記』に記されています。当時は「客星」と呼ばれたこの現象は、太陽より10倍以上重たい恒星の最期の状態であり、今では「超新星爆発」と呼ばれています。超新星爆発は宇宙で最も劇的な天文現象の一つであり、中国や日本で記録に残されているような、明るく輝くさまを一度は見てみたいと思われる方も多いことでしょう。オリオン座の右肩にあたる赤い老星ベテルギウスも、今から100万年のうちに超新星爆発することが予想されており、その様子を目撃する機会は意外に近いかもしれません。

流れ星とは

地球の高層大気に流星物質（塵）が侵入し、そのエネルギーを受け取って地球大気が発光する現象が流星（流れ星）です。流星物質とは、数 mm から数 cm 程度の宇宙空間に浮かぶ塵（ダストとも呼ばれる）のことで、そのほとんどは彗星から放出されたものです。彗星は直径数 km ～数十 km 程度の氷の塊ですが、その内部にシリケイトや炭素などの固体成分も含まれていて、「汚れた雪だるま」と称されることもあります。彗星が太陽に近づくと熱せられて氷が溶け、コマとなって本体を囲むとともに長い尾を形成する場合があります。コマや尾にもシリケイトや炭素などが塵として含まれていて、それらは彗星が通り過ぎた後も彗星の軌道上やその近くに残って、彗星同様、軌道上を公転しています。たまたま、彗星の軌道と地球の軌道が交差していると、毎年、そこを通過するたびに、多くの流れ星が決まった方向（放射点）から放射状に出現します。これが流星群です。

主な流星群カレンダー

流星群の名前	出現期間	極大	母天体	出現数
しぶんぎ座	1/2-5	1/3-4	–	★★★
4月こと座	4/20-23	4/21-23	1861 I	★★
みずがめ座η	5/3-10	5/4-5	ハレー	★★★
みずがめ座δ南	7/27-8/1	7/28-29	–	★★
やぎ座α	7/25-8/10	8/1-2	–	★
ペルセウス座	8/7-15	8/12-13	スイフト・タットル	★★★★
はくちょう座κ	8/10-31	8/19-20	–	★
オリオン座	10/18-23	10/21-23	ハレー	★★
おうし座南	10/23-11/20	11/4-7	エンケ	★★
おうし座北	10/23-11/20	11/4-7	エンケ	★★
ふたご座	12/11-16	12/12-14	ファエトン	★★★★
こぐま座	12/21-23	12/22-23	タットル	★

※出現期間は比較的多く現れる時で、その前後にも多少出現しています。毎年見られるものを紹介しています。

近年の主な天文イベント

1994年
シューメーカー・レビー 第9彗星の木星衝突

地球大気圏外での物体衝突を多数の人が目撃した、世界で初めての出来事だった。衝突痕は地球とほぼ同サイズで、衝突自体は地球から見て木星の裏側で起きたため直接観測はできなかったが、ハッブル宇宙望遠鏡やガリレオ探査機なども動員され、湧き上がるキノコ雲の観測、赤外線による閃光の観測などが行われた。それまでは可能性として語られるだけだった地球への天体衝突が現実味を帯びたのもここから。

1997年
ヘール・ボップ彗星の出現

20世紀で最も広く観測された彗星で、都心でも肉眼で見られた。彗星核が50kmと極めて大きく、過去に観測された彗星の中でも最大級であると推定されている。公転周期は約2530年と考えられている。

1998～2001年
しし座流星群

しし座のγ（ガンマ）星付近を放射点とし、11月14日頃から11月19日頃にかけて見られる流星群。母天体は公転周期33年のテンペル・タットル彗星。2001年のしし座流星群の極大期には三日月も沈み、日本でも大流星群を観測できた。

2003年
火星大接近

惑星同士は、外側の惑星よりも内側の惑星の方が公転にかかる時間が短い。そのため内側の惑星が外側の惑星の公転を追い抜く際、惑星同士が一時的に最接近する現象を接近といい、この年は約5575万kmの距離までの大接近、実に約6万年ぶりのことだった。

2009年 (世界天文年)
トカラ列島 – 小笠原近海にて
皆既日食

7月22日、日本の陸地では46年ぶりとなる皆既日食が観察され、一部の島や洋上ではコロナやダイヤモンドリングも見られた。

2012年
金環日食、金星の太陽面通過

5月21日には日本国内の広範囲で金環日食が観測された。月が遠くにあるために太陽全体を覆い隠せず、太陽がリング状に残って見えた「金環日食」。続く6月6日の「金星の太陽面通過」は、太陽と金星、地球がこの順番で一直線上に並ぶことから起こる現象。地球から見ると太陽の30分の1弱の大きさでしかない金星が、太陽の上を小さな黒い点となって動いていく様子が見られた。次回は2117年。

2025年
土星の環の消失（見かけ上）

土星の環は氷粒でできていて、極めて薄い構造をしている。もっとも薄いところはわずか3メートル程度。このため真横から土星を見るとハッブル宇宙望遠鏡やすばる望遠鏡を用いても見かけ上、環が全く見えなくなる。土星は太陽の周りを約30年かけて公転しており、地球上から見て約15年おきに土星の環の消失が起こる。2038～39年、2054年にも消失予定。

2030年6月1日
北海道で金環日食

日食には部分日食、金環日食、皆既日食の3つがある。月が太陽を全部隠してしまうと皆既日食だが、地球から月までの距離は一定ではなく、月が遠い位置で日食になると、太陽全面を隠せずリング状に光る金環日食となる。18年ぶりの日本での金環日食は、函館や稚内などの一部を除く北海道ほぼ全域で起こり、札幌では4分21秒の間、リングが見られるはずだ。

2035年9月2日
関東から北陸で
皆既日食

本州では1887年以来、148年ぶりの皆既日食。日本では能登半島から長野、前橋、宇都宮等の都市を細い皆既帯が通るが、それ以外の日本各地でも食分が0.8を超える、極めて大きな部分日食が見られると予想される。皆既継続時間は2分強と、あまり長くないが、黒い太陽の左下に明るい金星も楽しめそう。

2XXX年
ベテルギウスの超新星爆発？
（今から100万年以内でいつか）

星の最期はその質量や組成等によって決まるが、ベテルギウスのような重い星は、超新星爆発という大爆発を起こしてその一生を終える。近年の観測や研究によって、この星が赤色超巨星として非常に不安定な状態にあることが分かっている。超新星爆発が起きると、100日以上も明るく輝き続けると予想される。

流星・彗星・日食……特別な天文現象

皆既日食

2006年3月29日
リビア・ワウアナムスにて撮影
東経 17°57.6'　北緯 24°29.75'
標高 450m

流星、彗星、日食……特別な天文現象

金環日食

2010年1月15日
ミャンマー・バガンにて撮影
東経 94°51.16'　北緯 21°08.06'
標高 56m

月が太陽を隠し始めた瞬間を「第1接触」、太陽が完全に
隠された瞬間（金環食では月縁が太陽の輪郭内に完全に
入った状態）を「第2接触」、太陽の中心と月の中心が最
も近づいた状態を「食の最大（食甚）」、月の背後から太
陽が再び現れる瞬間（金環食では月縁が太陽の外側へ出
て行く瞬間）を「第3接触」と呼ぶ。　撮影＝塩田和生

日食はどうして起こるのか

皆既日食

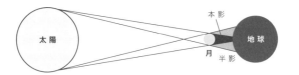

地上で本影に入る地域では、月が太陽の光を完全に遮る皆既日食に、半影の地域では一部だけ太陽が隠される部分日食となる。皆既日食の終了時には、月の縁から太陽の光が漏れる「ダイヤモンドリング」が見られる。

太陽 – 月 – 地球の順で3つの天体が一直線に並ぶことによって生じる天文現象＝日食。このため新月の時にしか日食は起こりません。日食の瞬間、地球から約1億5000万km離れた太陽と、同じく地球から三十数万km離れた月と、それを眺めるあなた自身、そして地球の4者が、広大な宇宙空間上でまさに一直線に並ぶのです。

月は不思議な天体です。月が地球の4分の1程度と衛星としては異様に大きいのには理由があります。40億年以上前に火星サイズの原始惑星が地球にぶつかって飛び散って

できたのが月なのです（ジャイアントインパクト説）。このため月はできた当時は、地球にずっと近いところを公転していました。その後、少しずつですが、月は地球から離れていっています。つまり、長い時間のスケールで考えると、太陽が月を完全に覆い隠す皆既日食は、次第に地球上から見られなくなってしまいます。日食は毎年地球上のどこかでは起こっているような天文現象です。日食を見に出かけてみませんか？

日食の瞬間、宇宙の奇跡を眺め、私たちがこの時代、この星・地球に生まれた奇跡を恋人や友人とかみしめましょう。

金環日食

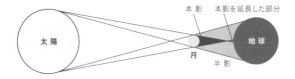

月と地球の距離は周期的に変化するため、月と太陽の方向が一致していても、月の見かけ上の大きさが太陽のそれより小さい時は、光の輪のように太陽がはみ出て見える。この時は周囲は暗くならず、金環日食に気づかないこともある。

日本で21世紀に見られる日食

日食は月が太陽を隠す現象です。このため、新月の時にしか日食は起こりません。でも、新月のたびに必ず、日食が起こるわけではないのはなぜでしょう。それは、月の通り道が地球の通り道（公転面）に対して、5度傾いているからです。2つの面が交わる点は2ヶ所あるので、毎年2回、日食が地球上のどこかで起こる可能性があります。しかし、部分日食しか起こらない場合もあります。

では、日食で皆既と金環の違いがなぜ生じるのでしょうか。それは、地球から見て太陽と月のそれぞれの見かけ上の大きさが変化しているためです。地球から月や太陽までの距離が一定ではないこと、特に、月の軌道の影響

は大きく、月が最も遠い時は地球から40万km、最も近い時は36万km程度と差があり、月の見かけ上の大きさは1割以上も変化しています。そのため、月が地球から見て大きいときに起こる日食は「皆既」になり、逆に小さいときには「金環」になるのです。次ページの表はこれから日本で見られる日食を示しています。次回の金環日食は、2030年に北海道の一部、2041年に中部、近畿地方の一部で起こります。一方、皆既日食は2035年9月2日に関東から北陸にかけて見ることができます。しかし、図のように日食帯（皆既や金環日食が見られる範囲）が狭いため、どこで見られるかはよく調べて日食に臨みましょう。

年 月 日	見られる場所と状況
2023年4月20日	九州～東海の南岸で部分日食
2030年6月1日	北海道で金環日食
2031年5月21日	九州の南部以南で部分日食
2032年11月3日	関東から北で日没帯食（部分）
2035年9月2日	関東～北陸で皆既日食
2041年10月25日	中部、近畿地方で金環日食
2042年4月20日	八丈島と小笠原間の海上で皆既日食
2042年10月14日	種子島以南で部分日食

オーロラのはなし

　自然界の三大スペクタクルとは何でしょう？数多くの感動的な自然現象の中、日食や火山噴火と並んでオーロラを挙げる人がたくさんいます。皆さんは、オーロラを見たことがありますか？　日本でも北海道をはじめ北日本で、北の空に赤くオーロラが見られることがあります。しかし、その雄大で神秘的な姿は、何といっても真っ白な氷の世界、すなわちアラスカやカナダ、北欧諸国で楽しむことができます。

　オーロラは北極や南極に近い地域で見ることができる地球の高層大気の現象です。地球は大きな一つの磁石になっていて、北極・南極近くにある北磁極がS極、南磁極がN極になっています。この地球全体の磁場を地球磁気圏と呼びます。太陽からやってくる太陽風が地球磁気圏につかまり、北極、南極付近から侵入し地球の大気を光らせる現象、それがオーロラです。

　オーロラを発生させる太陽風、決してありがたいものではありません。太陽風とは太陽の表面から解き放たれた荷電粒子（つまり陽子やヘリウム原子核）のこと。いわゆる放射能のことです。地球は地球磁気圏が命を守る磁気

バリヤーとなって、太陽風の直接の侵入を防いでいます。しかし、磁石の力、つまり磁力線の集まる北磁極と南磁極の上空からは磁力線に沿って荷電粒子が侵入してきます。この時、地球の高層大気と衝突し、放出されたエネルギーが緑やピンク、または赤い光となって輝く姿がオーロラなのです。オーロラが輝く高さは高度100kmから200km程度。国際宇宙ステーション（ISS）は高度400kmですので、ISSの乗組員は、眼下にオーロラを楽しんでいます。

　太陽の表面でフレアという爆発現象が起こると、地球に向かって大量の高速太陽風が到達することがあります。このような際、オーロラサブストームと呼ばれるオーロラ嵐が北極、南極の上空で同時に起こり、神秘的な空のカーテンの激しい舞が見られます。

流星、彗星、日食……特別な天文現象

『星の王子さま』と作者 サン＝テグジュペリ

　時は第二次世界大戦のさなか、1942年のある日のこと。亡命先のアメリカで編集者と昼食をとっていたサン＝テグジュペリは、なにげなくナプキンの上に一人の男の子の絵を描きました。彼は散歩中に浮かんだ言葉やアイデアを、それが消えないうちに、何かに書き留める癖があったのです。その、長いスカーフを巻き、少し華奢な少年——を見た編集者は、その子を主人公にして童話を書いてはどうか、とサン＝テグジュペリに提案します。彼はすぐに賛同し、執筆を開始。そして翌年、自らが挿絵を描いた一冊の物語が出版されたのです。

　『星の王子さま』の原題はフランス語で"Le Petit Prince"、直訳すると「小さな王さま」。現在では300以上の国と地域の言語で翻訳されていますが、実は"星の"と付くのは日本だけです。今からおよそ70年前、翻訳を手がけた内藤濯（あろう）氏が小惑星B612から来た王子さまの物語を「星の王子さま」として紹介、またたく間にベストセラーとなりました。その印象的な書名から童話作家として知られていますが、『星の王子さま』は彼が手がけた唯一の子ども向けの本であり、海外では『夜間飛行』『人間の土地』など、郵便飛行士として大空を飛び回り、自身の体験を生かした写実的な作品が広く知られています。

　アントワーヌ・ド・サン＝テグジュペリは1900年6月29日、フランスのリヨンで、11世紀から続く名門の爵位を名乗れる旧家に5人兄弟の長男として生まれました。幼少期から文章では非凡な才能を発揮しましたが、彼が飛行機の魅力に取り憑かれたのは、12歳の時。当時はライト兄弟が初の飛行に成功して間もなく、飛行機乗りは皆の憧れでした。自宅近くの飛行場で初めて飛行機に乗せてもらった体験が、その一生を決めたのです。

　20歳の頃には航空連隊に所属。その後、民間航空界に入り整備士として働いた後、飛行訓練を積み、やがて砂漠の危険地帯で遭難した飛行機乗りを救う役目を担いました。その活躍から、サン＝テグジュペリは人々から尊敬の念を込めて"夜の鳥"と呼ばれていました。生まれ持った穏やかな気質と交渉能力の高さから、新航路の開拓などの得意分野で成果をあげ、カサブランカ—ダカール線の定期郵便飛行を担当するため、アフリカへ向かいます。その途中、飛行機の故障によりサハラ砂漠に墜落、幻想的なこの時の体験が『星の王子さま』のヒントになったといわれています。

　『人間の土地』がアカデミー・フランセーズ小説大賞、この本の英語版『風と砂と星と』が全米図書賞で最優秀作品を受賞するなど絶賛を浴びますが、戦火が拡大すると再び自ら志願して戦地へ向かいました。

　その最後は1944年7月31日。南仏方面の偵察飛行のため、地中海のコルシカ島から飛行機で飛び立ったまま、地中海上空で消息を絶ちます。敵機に追撃されたとも、帰還中に海に墜落したとも、さまざまな説が飛び交いましたが、真相は今も分かっていません。パリ解放の約1ヶ月前のことでした。

第 *4* 夜

天 体 採 集

Astronomical Fieldwork

ぼくは、こうして、もう一つ、たいそうだいじなことを知りました。

それは、王子さまのふるさとの星が、やっと家くらいの大きさだということでした。

といったって、ぼくは、たいしておどろきはしません。

地球とか、木星とか、火星とか、金星とかいったように、

いろんな名まえのついてる大きな星のほかにも、なん百という星があって、それが、時には、

望遠鏡でも、なかなか見えないほど小さいことを、ぼくはよく知っていたからです。

天文と気象現象

皆既日食

太陽の周りに真珠色に広がるコロナが見えている。さらに地球の反射光で照らされる「地球照」により月面の模様がかすかに見えている。(硫黄島近海の洋上から。2009年7月22日)

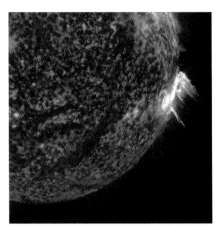

フレア

太陽表面で起こる爆発で、数分から数十分続く。X線や電波、紫外線が増加し、大きなフレアによって強い太陽風を発することが分かっている。太陽活動が活発な時に太陽黒点の付近で発生することが多い。(X線による画像)

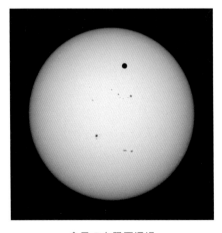

金星の太陽面通過

太陽面を金星がシルエットのように通過するのが見える(画面上のくっきりした丸)、243年の周期性を持つ非常に稀な現象。太陽系の大きさを測定できる。昔から多くの科学者に関心を持たれていた。次回は2117年12月11日。

グリーンフラッシュ

日の出や日の入りの一瞬、緑色の光が一瞬輝いたように見える現象。原因は大気のプリズム効果による。観測条件の厳しい稀な現象のため、ハワイではこの光を見た者は幸せになるとの言い伝えが残る。

人類の誕生以前から、この星で見ることができた天上の現象。天体の動きや
宇宙についての知識が確立する前は、その稀少性と美しさによって畏れられ
た時代もあった。その神秘性は今も変わらずにある。

オーロラ

太陽風（太陽からの荷電粒子）が地球大気の分子に衝突
してオーロラを発生させる。酸素と衝突するとオーロラは赤
と緑、窒素と衝突すると赤と青に見える。（国際宇宙ステー
ション（ISS）がアメリカ上空で撮影。2012年1月25日）

ヘール・ボップ彗星

1995年に発見され、1997年に肉眼で見えた20世紀
最大の彗星。白いダストテイル（塵の尾）と、青いプラズ
マテイル（イオンの尾）が明確に見える。公転周期は約
2530年とされる。

しし座流星群

過去に何度も大出現が見られ、その観測により放射点の
存在や流星と彗星との関係、流星出現予測の計算精度向
上など、流星天文学の発展に重要な役割を果たしてきた。
母天体はテンペル・タットル彗星。

月 食

満月の際、地球が太陽と月の間に入り、地球の影で月が欠
けて見える現象。平均して5年間に4回程度見られる。地
球大気が太陽光を散乱させるため、皆既月食中も真っ暗
にはならず赤銅色に見える。

太陽系の天体

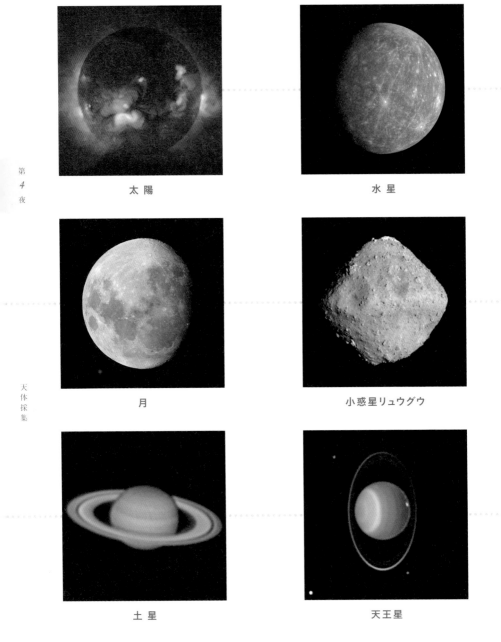

太 陽

水 星

月

小惑星リュウグウ

土 星

天王星

夜空を見上げた時、一番明るく見える天体はおそらく惑星。毎年決まった時刻に同じ場所で見られる恒星と異なり動き方もさまざまだが、星座の中を惑い歩く様子は昔から多くの人の心を捉えてきた。

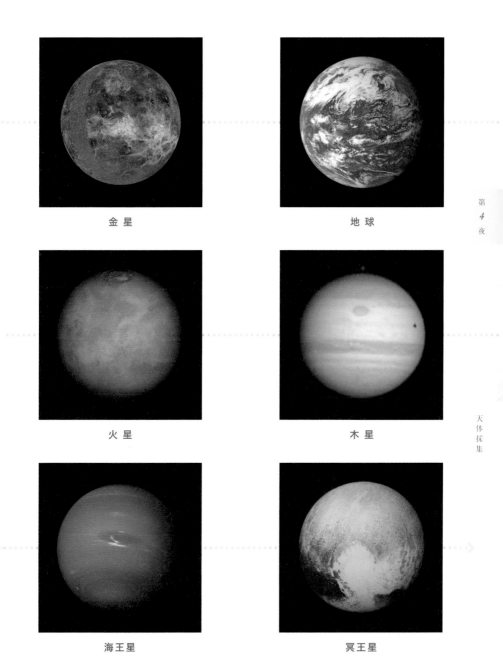

金星

地球

火星

木星

海王星

冥王星

Pale blue dot（ペイル・ブルー・ドット）

1990年、探査機ボイジャー1号の打ち上げから12年後、60億kmを進み、8つの惑星軌道の外側から地球を撮影した。
アメリカの天文学者カール・セーガンの依頼を受けたNASAの指令で実現され、後に"Pale blue dot"（暗く青い点）と
呼ばれるこの写真には、地球は小さな点として写っている。

天
体
採
集

北半球から見た天の川

地球を含む太陽系は天の川銀河の端の方にあるため、北
半球では夏〜秋にかけて、いて座の方向に銀河の中心が
見える。地球から見ると銀河の中心は濃く、周縁部は淡い。
上方で輝く3つの星が夏の大三角。

星雲と星団・1
散光星雲・暗黒星雲・散開星団・球状星団…星が生まれるまで

410
光年

暗黒星雲
バーナード68

そこに何もないのではない。無数の星の手前にある光を放たない星間ガスの塊が星々の光を遮っている。この暗黒星雲内では水素ガスの密度が上がり、やがてその中から星が次々と誕生してくることだろう。

1500
光年

暗黒星雲
馬頭星雲

オリオンの三つ星の東端の星の近くには、巨大な星間分子雲が広がっている。その中で最もガスの濃い塊部分が、まるで馬の首のように背景の光を受けてシルエットとして見える。写真で浮かび上がる宇宙名所の一つ。

410
光年

M45／散開星団
プレアデス星団

約5000万年前に生まれた120個ほどの恒星が集まる若い星団。和名は"昴(すばる)"。星座の識別が夜の航海に欠かせなかった海の民、マオリはこの明るい星団を"Matariki"(マタリキ、小さな目の意)と呼び目印にしていた。

7070・
7500
光年

NGC869・NGC884／散開星団
二重星団h‐χ(エイチ カイ)

散開星団は若い星々の集まりで、肉眼で見つけられるものが多い。この二重星団もカシオペヤ座からペルセウス座に目を移していくとその存在が分かる。ボーッとした光芒を双眼鏡や低倍率の望遠鏡で眺めると写真のように見える。

無数の星々が広大な宇宙の中で生まれ、そして死んでいく。双眼鏡や望遠鏡で宇宙を眺めると星々の息吹きが聞こえてくる。星は星間ガスが集まって誕生する。暗黒星雲と散光星雲は星のゆりかごだ。

M42／散光星雲
オリオン大星雲

鳥が羽を広げたような姿が小型望遠鏡でも鑑賞できる。ハッブル宇宙望遠鏡などで非常に若い星が多数発見され、活発な星形成領域であるのが分かった。

M16／散光星雲
わし星雲

へび座にあるわし星雲は小型望遠鏡でも楽しめる散光星雲だが、ハッブル宇宙望遠鏡が撮影したその中心部分が公開された時、世界中の人々が驚嘆した。そこに写し出されたのは星の誕生の現場、まさに創造の3本の柱であった。

M4（NGC6121）／球状星団
さそり座の球状星団

さそり座のアンタレスの近くに肉眼でもかろうじて確認可能な球状星団。球状星団は数十万個から数百万個の恒星の集団がお互いの重力によって球形に分布している。100億年を超える年齢のものが多く宇宙の化石のような存在だ。

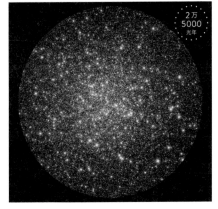

M13（NGC6205）／球状星団
ヘルクレス座の球状星団

ヘルクレス座にあり北半球では、最も明るい球状星団の一つ。初心者でも比較的簡単に望遠鏡で導入できる。中心部ほど星が密集している美しい星団。アレシボ天文台から宇宙人へのメッセージが1974年に送信されたことでも有名。

第 4 夜

天体採集

星雲と星団・2
惑星状星雲・超新星残骸…星の最期に関わる天体

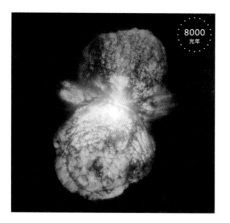

8000
光年

恒星
エータ・カリーナ

りゅうこつ座にある最も超新星爆発が近いと予想される星。太陽質量の70倍と30倍というとても重たい星同士の連星であり、連星の周囲に水素ガスがダンベル型に膨らみ不気味な緊張感が伝わってくる。

7200
光年

M1（NGC1952）／超新星残骸
かに星雲

おうし座の角の先にある超新星残骸。シャルル・メシエが堂々そのカタログの1番に挙げている代表的星雲。1054年に超新星爆発した星の残骸で、爆発した際は昼間でもその星が見えたと中国と日本に記録が残っている。

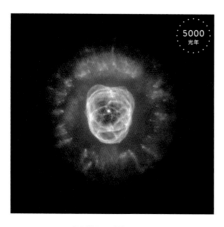

5000
光年

NGC2392／惑星状星雲
エスキモー星雲

毛皮のフードを被ったエスキモーに見えるのが名前の由来。外側のオレンジの毛皮部分は中心の星から噴き出た物質で、時速150万kmで広がっている。1787年ウィリアム・ハーシェルによって発見された。

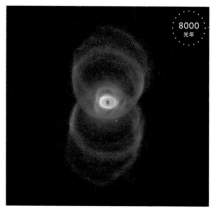

8000
光年

MyCn18／惑星状星雲
砂時計星雲

『ナショナルジオグラフィック』誌の表紙をこの星雲が飾った際、編集者は「天文学者は8000光年彼方をハッブル宇宙望遠鏡で覗いたが、神の眼がこちらをじろじろ見ているようだった」とコメントしている。

星の終末は華々しく、まるで宇宙に咲く花火のようだ。星の質量によってその寿命と死にざまが異なる。太陽の質量の10倍以上の星は超新星爆発をし、それ以下の星は惑星状星雲を形成した後、白色矮星となり次第に冷えていく。

**815
光年**

NGC2736／超新星残骸
鉛筆星雲

約1万1000年前に起きた超新星爆発の残骸。巨星が死期を迎えて爆発した当初、放出されたこの衝撃波は時速何百万kmものスピードだった。

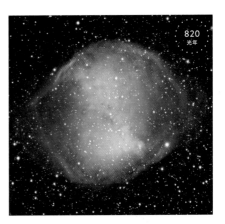

**820
光年**

M27（NGC6853）／惑星状星雲
あれい状星雲

こぎつね座にあるリンゴをかじった痕のような形をした星雲。惑星状星雲として最初に発見された天体。惑星状星雲は散光星雲などと比べとても小さいため、望遠鏡で見ると恒星より少しだけ大きく、まるで惑星のように見える。

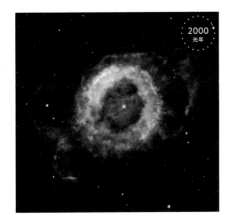

**2000
光年**

NGC6369／惑星状星雲
小さな幽霊星雲

太陽ほどの質量の星が死期を迎え、放出されたガスが電離してさまざまな色に輝く姿が地上からはぼんやりと幽霊のように見える。中心の星は赤色巨星としてガスを放出した後、冷えて収縮し、白色矮星と呼ばれる天体になる。

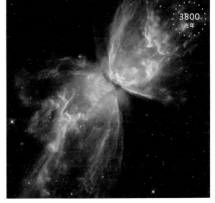

**3800
光年**

NGC6302／惑星状星雲
バタフライ星雲

惑星状星雲にもさまざまな形があり、大きくは9割がドーナツ型、残り1割が双極型（バタフライ型）。「ツインジェット星雲」とも呼ばれる。バタフライ型は連星系に多く、星の死に際に優雅な姿を見せている。

銀河と銀河団

生命を構成しているのが一つ一つの細胞であるように、私たちの住む宇宙は銀河から構成されている。銀河は星の大集団。渦巻銀河、楕円銀河、そして不規則銀河と形や大きさもさまざまだ。銀河は今でも衝突・合体を繰り返して群れを作り、さらに大きな集まりである銀河団や超銀河団を形作っている。

16万
光年

不規則銀河
大マゼラン雲

古くから存在が知られるが、16世紀にマゼランが世界一周航海の折に命名した。地球を含む銀河系の伴銀河として重力で結びついている。1987年に出現し、宇宙ニュートリノが検出された超新星 SN1987A はこの中にある。

250万
光年

M31（NGC224）／渦巻銀河
アンドロメダ銀河

アンドロメダ銀河は肉眼で見られる最も遠くの天体である
が、それでも私たちの銀河系のお隣の銀河ともいう存在。
空の暗いところでは、秋の星座アンドロメダ姫の腰のあた
りにボーッとした米粒大の光の塊が確認できる。

4600万
光年

M104／エッジオン銀河
ソンブレロ銀河

渦状銀河をほぼ真横から見た姿で、塵による大きな暗黒
帯が銀河を横切っているのが特徴。天文学者スライファー
は1912年、この光が大きく赤方偏移していることを発見
し、宇宙膨張を示す最初のきっかけとなった。

2.7億
光年

NGC7318A、7318B、7319、
7320、7317／銀河群
ステファンの五つ子

銀河同士の重力相互作用により変化している銀河群。すばる望遠鏡の主焦点カメラにより上側の3つの銀河の間（赤く輝く部分）に水素イオンが発するHα輝線が見られ、ここに星の生成領域があることが分かっている。

5500万
光年

NGC5866／エッジオン銀河
紡錘銀河

直径は約6万光年（天の川銀河の2/3）。地球からは断面のように見えるため、塵の集まる黒い円盤面から外側の透明なハローまでの構造がよく分かる。ハローを通して、さらに何億光年も先の銀河が見える。

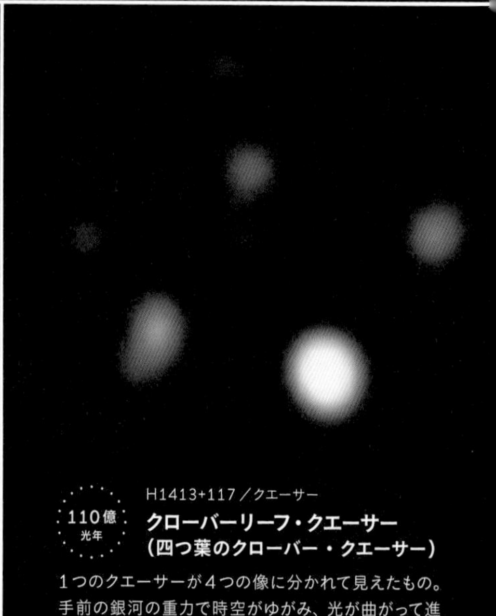

110億
光年

H1413+117／クエーサー
クローバーリーフ・クエーサー
（四つ葉のクローバー・クエーサー）

1つのクエーサーが4つの像に分かれて見えたもの。手前の銀河の重力で時空がゆがみ、光が曲がって進むため、観測対象が分裂して見える「重力レンズ効果」による。1984年に発見、88年に同一の天体と判明。

3億
光年

Arp273（UGC1810+UGC1813）
薔薇銀河

3つの銀河が重力で影響し合い、バラの形に変化している。
花の上部（UGC1810）をすり抜けて下に小銀河（UGC
1813）があり、3つ目の矮小銀河は花びらの右上につか
まっているように見える部分。アンドロメダ座の方向にある。

ハッブル・ウルトラ・ディープ・フィールド

130億光年。このフィールドは南天の「ろ座」の一角に
あり、天球上での大きさは月の直径の1/10。ハッブル宇
宙望遠鏡により、宇宙の暗黒時代直後に生まれた最初の
銀河の姿が捉えられている。地上からは何も見えない領域
に、約1万個の天体が見つかった。

2

スーパーコンピュータで地球をつくる

小久保 英一郎（国立天文台科学研究部教授／天文シミュレーションプロジェクト長）

　宮城県の仙台市郊外、街明かりがまだあまりなかった場所で生まれ育った幼い頃の僕にとって、虫捕りや魚捕りと同じように、空を見るのも遊びの一つでした。月のない晴れた夜、特に台風一過の夜には空気が澄み、星々は強い輝きを放っていました。

「あのきらきら光っているものはなんだろう」

　最初に抱いたのは、こんな素朴な疑問だったと思います。

　わからないことがあると、僕はよく父に聞きました。この時も「あれは太陽と同じようなもので、ずっと遠くにあるんだよ」と答えてくれたように思います。父は大学で電機工学を勉強していて、本当はコンピュータに関係した仕事に就きたかったらしいのですが、家の事情で家業を継ぐことになり、その道を一時諦めていたのです。色々なことを知っていました。ある時、家族で縁側に座っていると、雷が鳴りました。「どうして雷は光るの？」と僕が聞くと、「あれは電気なんだ。雷はまず、ぴかっと光った後にしばらく間をあけて、どーんと音が聞こえてくるだろう。音と光では、光のほうが伝わる速度が速い。だから最初に光が届いてから、音が来るんだよ」。そんなふうに、解説は科学的で面白く、この時はマックスウェルの波動方程式の話まで出てきました。子どもだった僕にその話は難しかったけれど、何かすごいものであることが感じられて、一生懸命聞いていたのを覚えています。

　後の僕の研究者人生に大きく影響したことの一つに、中学生時代の電子工作やコンピュータとの出会いがあります。当時流行り始めたテレビゲームをやりたいと言った僕に、父は言いました。

「英一郎、お前はゲームをやりたいと言うけれど、あれは人が作ったものだ。つまりその人の手のひらの上で遊ばされているわけだ。それならゲームを作るほうが面白いと思わないか？」と。なるほどそれももっともだ、と素直に思い、それからプログラミング言語 BASIC の入門書を片手に、簡単なプログラムを書き始めました。やがて大学院生になってから研究用のコンピュータを自作したり、計算のためのプログラムを書いたりすることになりますが、この頃の経験がとても役立ちました。もちろん当時は将来のために、なんて少しも思っていませんでしたが。

　天文学という学問は、望遠鏡で天体を観測する「観測天文学」と、理論を考える「理論天文学」が車の両輪となって発展してきました。ところが 20 世紀の終わり頃になると、コンピュータの性能が上がり、天文学でもコンピュータを使って実験的に研究をすることが可能になってきたのです。それが「シミュレーション天文学」です。天文学では扱うエネルギーや質量、時間などの規模があまりに大きいため、実験室で再現することはできません。そ

こでコンピュータに物理法則をプログラムすることで宇宙を再現し、計算することで何が起きるか模擬実験（シミュレーション）を行うのです。さまざまな物理過程が複雑に入り組んだ天体の形成過程を調べるには、シミュレーションは強力な武器になります。シミュレーションは観測、理論に次ぐ第3の天文学として、現代天文学に欠くべからざるものになっています。これらの手法は、互いに補完し合いながら現代天文学の発展を支えています。

　シミュレーション、とひと口に言っても、その使い方には大きく分けて二通りがあります。一つは、ある仮説を検証するためのシミュレーション。もう一つは、何が起きるか分からない、未知の領域を探査するために、とにかく計算をしてみようという場合。僕はシミュレーションによって惑星の形成過程を実験的に研究してきました。その例、「微惑星の暴走的成長」を紹介しましょう。

　太陽系には水星、金星、地球、火星、木星、土星、天王星、海王星という8個の惑星がありますが、並べてみるとずいぶん大きさや模様が違うことがわかります。これらの惑星は今から約46億年前に生まれたばかりの太陽の周りを円盤状に回っていたガスとダストからできたと考えられています。現在の標準的なシナリオでは、まずダストが集まり直径数キロほどの微惑星という小さな天体ができます。さらに微惑星は衝突合体を繰り返して、原始惑星という惑星の一歩手前の天体に成長します。そして最終的に原始惑星から惑星が形成されるのです。

　僕が大学院生になった頃、微惑星が原始惑星になる過程は、後述するように、1970年代頃から世界の研究者が議論を重ねてはい

たものの、未解明のままでした。僕たちはこの過程を、自分たちの研究室で作った新しいスーパーコンピュータでシミュレーションしてみようということになったのです。

　いったいどのようにして微惑星は成長していくのか。微惑星の運動を決めるのは、基本的な物理法則であるニュートンの万有引力（重力）の法則と運動の法則です。微惑星の初期の質量、位置、速度を決めて、スーパーコンピュータを用いてシミュレーションを始めると、微惑星の成長の様子が見えてきました。

　微惑星の成長の仕方には大きく二つが考えられていて、当時、そのどちらで成長するかが研究者たちの間で議論されていたのです。一つは微惑星のすべてが同じように仲良く成長していくという秩序的成長。もう一つは、たまたま最初に衝突合体して大きくなった微惑星が、周りの微惑星を集めてどんどん大きくなっていく、暴走的成長。いわば一人勝ち状態。僕らがスーパーコンピュータで計算を始めると、実際に一つの微惑星が、突出して大きくなっていったのです。

「暴走してる！　見て下さい！」

　計算結果を図にして暴走的成長を初めて目の当たりにし、僕は興奮して指導教官を呼びました。駆け付けた彼も「おう、すごい！」と喜んでくれました。

　シミュレーションの楽しさは、コンピュータの中に自分の実験室を持ち、好きな実験ができることですが、同時にそれは、誤った実験もできる、ということを意味します。そこで出た結果が、知りたい現象を正しく捉えているかは保証されているわけではないのです。恣意的なモデルを一切使わずに、基礎的な物理法則だけで何が起きるかをシミュレーションし、暴走的成長

が起きることを示したのはそれが初めてでした。この結果をまとめて、僕らは1996年に論文として世界に発表しました。この後も僕らはどのように微惑星から惑星へ成長していくのかシミュレーションを駆使して調べ、現在の惑星系形成論で標準になっているモデルを構築していくのです。

　僕が好きな言葉に、イギリスの南極探検隊に参加した、チェリー・ガラードが残した次のような一文があります。

"Exploration is the physical expression of the intellectual passion."（探検とは知的情熱の肉体的表現である）。

　何かに惹かれ、好奇心を抱いた時に、自分で答を探しにいくということ。僕はこれを自分の研究にあてはめて、"Simulation is the computational expression of the intellectual passion."（シミュレーションは知的情熱の計算的表現である）としています。知りたい、やってみないと分からない、計算しよう、と。さすがに46億年前の太陽系に探検に行くわけにはいかないので。

　僕らがやっている研究のゴールには、観測においては第2の地球（海や生命の存在する惑星）を見つける、理論やシミュレーションにおいてはそれらができる条件や確率を明らかにする、ということがあります。近い将来にそれが現実になった時、おそらく、多くの人の世界観を変えることになるでしょう。まさにそんな時期に研究ができている自分は、とても幸せだと思います。

　星空を眺めて、「地球外生命はいるのだろうか」と考えたり、「そもそもなぜ自分はここにいるのだろう」と、自分が存在すること自体を不思議に思うこともありました。夜空に果てしなく広がる星々の中で、なぜこの地球という惑星に生まれ、生きているのか。「いったい自分は何者なのか」と。こうした疑問は、誰でも一度は感じたことがあるのではないでしょうか。その答を得ようと、人は哲学や文学、芸術などさまざまな手段をとってきました。観測や理論の飛躍的な発展によって、科学もまたこの問いに答えようとしています。そして僕も、科学的に「地球がどうやって宇宙の中で誕生したか」を解明することで、その大きな問いに対する一つの答を見出したいと思っているのです。

小久保 英一郎（こくぼ・えいいちろう）

国立天文台科学研究部教授、天文シミュレーションプロジェクト長。東京大学大学院理学系研究科天文学専攻兼任。1968年宮城県仙台市生まれ。1997年東京大学大学院総合文化研究科広域科学専攻修了。博士（学術）。専門は惑星系形成論。理論とシミュレーションを駆使して惑星系形成の素過程を明らかにし、多様な惑星系の起源を描き出すことを目指す。趣味はスクーバダイビング。一つの研究がまとまったら南の島に潜りに行く、という生活をしたいと思っている。最近また、文化財探訪にはまっている。

第 **5** 夜

星　座

C o n s t e l l a t i o n

「そうだよ、家でも星でも砂漠でも、その美しいところは、目に見えないのさ」
と、ぼくは王子さまにいいました。
「うれしいな、きみが、ぼくのキツネとおんなじことをいうんだから」
と、王子さまがいいました。

「星座」の基礎知識

星座が生まれるまで

世界で最も巨大なキャンバス。それが星空（天球）です。古今東西、多くの夢想家たちが、そのキャンバス上の光の点と点を繋いで、荘厳な星座とそれにまつわる物語を紡いできました。今からおよそ4千年も昔の古代バビロニアをはじめ、いずれの文明発祥の地においても、それぞれ独自に星座と星座神話が芽生えました。そもそも、人間の力を超えた存在を自然の中に見出した古代人にとって、宇宙は自然を畏怖する念に基づくアニミズムの対象でもありました。

星と占い

占星術は、天体の運行と人間社会の出来事を結びつけて占う技術で、古代バビロニア、ギリシャなどで発展した西洋占星術と、中国で発展した東洋占星術が有名です。今でも科学としての天文学とは無関係に占星術は人々の関心を広く集めていますが、誕生星座に基づく黄道12星座による星占いには、科学的な根拠はまったくないことを理解した上で楽しむのがよいでしょう。

全天88の星座へ

現在、世界共通で使われている88星座のいくつかの原型は、すでに古代バビロニアに見られますが、エジプト、ギリシャと引き継がれ次第に発展していきました。とりわけ古代ギリシャ人は多くの星座にギリシャ神話に登場する神々の名前を付けました。ギリシャの星座を整理し、その後、主に大航海時代に南半球で名付けられた星座を含め、1930年に国際天文学連合（IAU）が出版した書物"Délimitation scientifique des constellations"（E.Delporte 著）で全天88の星座が確定しました。一番大きな星座はうみへび座、一番小さな星座はみなみじゅうじ座です。星座は形も大きさもまちまちで、その形を覚えるのは大変かもしれません。しかし本来は、人々の生活圏ごとに異なる星座をそれぞれが自由に創造して用いていたのですから、一人一人が分かりやすいように星と星を結んで自分だけの星座を作っても構わないのです。

88星座、それぞれの星座の境界は1875.0年分点における時圏、赤緯圏を使用しています。つまり、すべての星座は赤経（時圏）と赤緯の線に沿った境界線で区切られ、太陽系の天体を除くと天体は必ずどれか一つの星座に属していることになります。惑星をはじめ太陽系内の天体たちは、恒星たちの遠い世界と違って、星座の間を動き回っています。惑星が移動していく星座は太陽同様、主に黄道12星座とその周辺の星座の領域です。

名前の由来

　星の名前はどうやって付けるのでしょうか。星座の中では原則として明るい星から順にα（アルファ）、β（ベータ）、γ（ガンマ）……とギリシャ文字で名前を付けています。また、明るい星やユニークな星にはニックネームも付けられています。星図や星表上で、例えば、オリオン座のベテルギウスは「α Ori」（Oriはオリオン座の略符）、さそり座のアンタレスは「α Sco」といった具合です。

星座の動き

　天球上の星々は、地球の自転によって1時間に約15度の角度分、東から西に動いていきます。これを星の日周運動といいます。北の空では北極星の周りを反時計周りに一周しています。一方、地球は太陽の周りを一年かけて公転していますので、太陽の反対側すなわち夜に見られる星座は季節で一めぐりすることになります。これが星の年周運動です。春・夏・秋・冬、季節の星々が移り行き、例えば春のおとめ座、夏のさそり座、秋のペガスス座、冬のオリオン座というように星座は季節の代名詞でもあります。

次ページからの星図の見方

★ 次ページからは、春夏秋冬、季節ごとに 天頂→南→西→北→東 の順で図を掲載しています。星図では1等星から5等星までと、星雲、星団等の天体を紹介しています。年周運動によって同じ時刻に見える星座の位置は次第に変わっていきますので、月の上旬・下旬でこのように見える時刻を右上に示しています。

★ 地平線近くの星の見え方は緯度により異なります。

★ 図は東西南北の空に分かれています。図の中央の上は、真東（真西、真北、真南）に向いた時の頭の真上（天頂）にあたります。

★ 図の両端は、星座の形が少し上下に引き伸ばされています。実際の星座を探す時は、図の中央の星を最初に見つけると、周囲の星座を探しやすくなります。

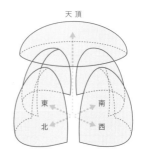

天頂

東　　南

北　　西

春・天頂

3月上旬：01時頃
3月下旬：00時頃
4月上旬：23時頃
4月下旬：22時頃
5月上旬：21時頃
5月下旬：20時頃

● 1等星　　◉ 変光星
● 2等星　　◌ 星団
● 3等星　　▨ 星雲
・ 4等星　　▨ 銀河
・ 5星

第5夜

星座

星座は夜空の星々の特徴的な配置をギリシャ神話に登場する人物などと結びつけたもので、国際天文連合によって88の星座が定められています。夜空と星空の関係は、例えば世界地図と国との関係に似ています。地図上の国の位置によってその国の時間が分かるように、星座の位置によってその星座が見える時間帯などが分かります。もし私たちが星雲や星団、惑星や彗星などの天体を見たいと思ったら、その天体が何座にあるのかが分かれば、いつ、どの方角にあるのかが分かりやすくなります。星座について詳しくなるほど夜空はいっそう楽しくなるでしょう。ここでは春から始まる四季折々の星座案内を通じて、代表的な星座の位置や探し方、特徴について解説します。

春・南の空

3月上旬：01時頃
3月下旬：00時頃
4月上旬：23時頃
4月下旬：22時頃
5月上旬：21時頃
5月下旬：20時頃

天頂

かみのけ座

しし座

アルクトゥルス　春の大三角　　しし座の大鎌

デネボラ　　　　　　　　　　レグルス

おとめ座

ろくぶんぎ座

コップ座

スピカ

からす座

うみへび座

ポンプ座

ケンタウルス座

東←　　　　　　南　　　　　→西

第 5 夜

星座

　草花が芽吹き潤う季節、3月から5月にかけて夜空を美しく彩るのは春の星座です。北の空を見上げると、ひしゃく（柄杓）のような形をした七つの星、おおぐま座の「北斗七星」が輝いています。七つの星のうち六つが2等星と目立ちやすく、春の星座を探すときの出発点になります。「北斗七星」のひしゃくの先端にある二つの星を結んだ線を5倍ほど伸ばし

たところには、こぐま座の北極星があります。北極星はほぼ真北の方角にある星で、時間とともに位置を変える他の星とは違い、いつも同じ場所にあります。これは地球の自転軸の延長線上に北極星があるためで、一晩の間に他の星は北極星を中心にしてゆっくりと回ります。北極星は北半球（赤道付近を除く）で年間を通して見ることができ、夜間に北の方角を知

- 73 -

春・西の空

3月上旬：01時頃
3月下旬：00時頃
4月上旬：23時頃
4月下旬：22時頃
5月上旬：21時頃
5月下旬：20時頃

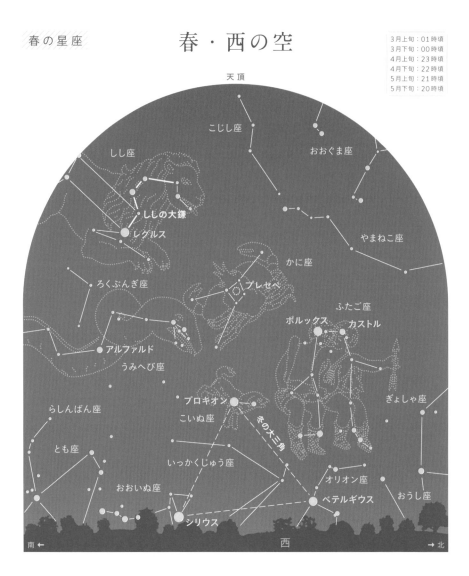

第5夜

星座

る時の目印になる星です。

「北斗七星」のひしゃくの柄（取っ手）の部分のカーブに沿って伸ばした先には、オレンジ色の明るい星、うしかい座のアルクトゥルスがあります。そして、そこからさらにカーブを延長した先には、青白く輝くおとめ座のスピカがあります。「北斗七星」からアルクトゥルス、スピカヘと続くカーブは「春の大曲線」と呼ばれてい

ます。アルクトゥルスは、全天で太陽、おおいぬ座のシリウス、りゅうこつ座のカノープスに次いで4番目に明るい恒星で、春の夜空では最も明るい星の一つです。スピカはおとめ座の1等星で、その美しい輝きから日本では真珠星とも呼ばれています。

「春の大曲線」の西側にある星で、アルクトゥルスとスピカから正三角形となる位置にある少

春・北の空

3月上旬：01時頃
3月下旬：00時頃
4月上旬：23時頃
4月下旬：22時頃
5月上旬：21時頃
5月下旬：20時頃

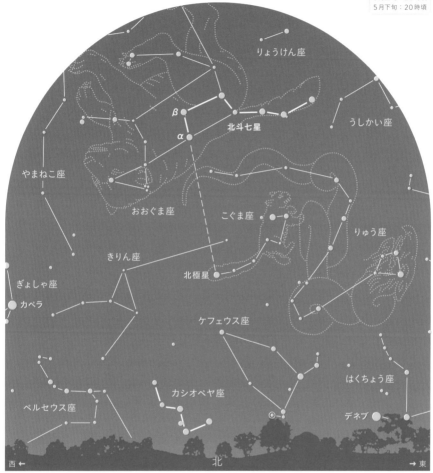

天頂

りょうけん座

β

α

北斗七星

うしかい座

やまねこ座

おおぐま座

こぐま座

りゅう座

きりん座

北極星

ぎょしゃ座

カペラ

ケフェウス座

はくちょう座

カシオペヤ座

デネブ

ペルセウス座

西 ←   北   → 東

第5夜

星座

し暗い星は、しし座の2等星デネボラです。この三つの星で描かれる三角形は「春の大三角」と呼ばれています。しし座は黄道12星座の一つで、うしかい座やおとめ座と並んで春の代表的な星座の一つです。デネボラの西には、しし座の1等星レグルスが青白く輝いています。また、レグルスの北にある、「?」の形を左右逆にしたような星の並びは、ししの大鎌

（おおがま）と呼ばれています。この大鎌はししの頭の部分に相当し、レグルスは胸の部分、デネボラはしっぽの部分にあたります。

「北斗七星」から始まる「春の大曲線」、そして「春の大三角」まで辿ることができれば、夜空を彩る春の星座を一通り満喫することができるでしょう。

　私の所属する天文台がある沖縄県の石垣

春・東の空

3月上旬：01時頃
3月下旬：00時頃
4月上旬：23時頃
4月下旬：22時頃
5月上旬：21時頃
5月下旬：20時頃

第5夜

星座

島は、東京や大阪に比べ緯度が10度ほど南にあり、88ある星座のうち84が見えるほか、21ある1等星がすべてが見えるといった特徴があります。夏には素晴らしい天の川が美しく澄んだ夜空に広がり、冬から春にかけては、りゅうこつ座のカノープスや南十字星などを楽しむことができます。都会とは一味違った石垣島の星空は、南の島のゆったりとした時の流れの中で、今日も静かに季節が移り行く様子を伝えています。

国立天文台石垣島天文台
花山 秀和

夏・天頂

6月上旬：01時頃
6月下旬：00時頃
7月上旬：23時頃
7月下旬：22時頃
8月上旬：21時頃
8月下旬：20時頃

第 5 夜

星座

夏 の星座を探すには、まず夏の星空で一番明るい星、こと座のベガを見つけましょう。頭の真上近くで明るく輝く星で、街明かりのある都会でも見つけることのできる星です。七夕のおりひめ星としても知られている星です。ベガの東の方にも明るい星が見つかります。はくちょう座のデネブです。ベガとデネブの南の方にも明るい星があります。わし座のアルタイ

ル、七夕のひこ星です。こと座のベガ、はくちょう座のデネブ、わし座のアルタイルを結んでできる大きな二等辺三角形、これが「夏の大三角」です。ベガとアルタイルとの間、ちょうど夏の大三角に重なるように天の川が横たわっています。とても淡い光の帯なので、街明かりがあると見ることができませんが、雲のような白いぼうっとしたものが見えれば、それが天の川です。

夏・南の空

6月上旬：01時頃
6月下旬：00時頃
7月上旬：23時頃
7月下旬：22時頃
8月上旬：21時頃
8月下旬：20時頃

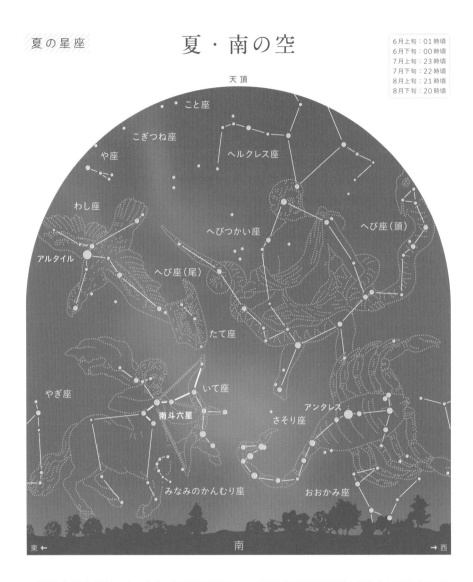

第
5
夜

星
座

夏の大三角が見つかったら、その周りの星座を探していきましょう。夏の大三角の中に こぎつね座と や座、東側に いるか座、南側には たて座があります。こぎつね座とたて座は暗い星ばかりなので、星を結んで星座の形にするのは難しいのですが、や座は細長い Y の字に星が並び、いるか座はひし形の星の並びが小さいながらよく分かる星座です。

夏の大三角の西側に目を向けてみましょう。北からりゅう座、ヘルクレス座、へびつかい座とへび座と、大きな星座が並んでいます。りゅう座は夏の大三角の近くに頭がありますが、ここから体をねじりながら尻尾は北斗七星と北極星の間を分断するように伸びています。ヘルクレス座は全天で5番目に大きな星座で、H の形に星を結ぶことができます。ヘルクレス座の

夏・西の空

6月上旬：01時頃
6月下旬：00時頃
7月上旬：23時頃
7月下旬：22時頃
8月上旬：21時頃
8月下旬：20時頃

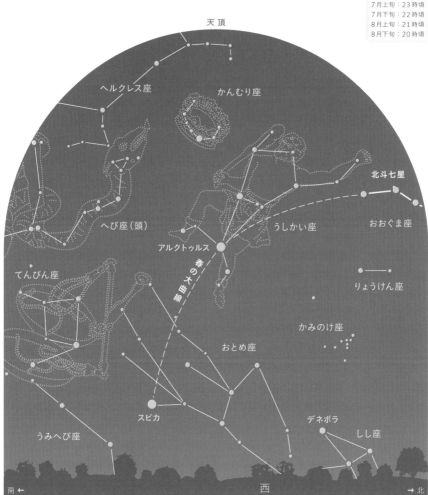

天頂

ヘルクレス座　　かんむり座

北斗七星

へび座（頭）　　　　　うしかい座　　おおぐま座

アルクトゥルス

りょうけん座

かみのけ座

てんびん座

おとめ座

スピカ　　　　　　　デネボラ

しし座

うみへび座

南 ←　　　　　　　西　　　　　→ 北

第5夜

星座

南に大きな釣鐘の形に星が並んでいるのがへびつかい座です。へびつかい座の両側に二つに分けられたへび座があります。星座は88個ありますが、唯一、二つに分けられている星座です。西側の部分がへびの頭、東側の部分がへびの尻尾です。元々へびつかい座とへび座は一つの星座でしたが、現在は三つに分けられています。へびのお腹の部分はへびつか

い座の一部となっています。

　今度は南の低い空に目を向けてみましょう。このあたりは空の低いところなので、空がかすんで星が見えにくいところです。しかし、天気のいい夜にはびっくりするほどたくさんの星が見えます。西からてんびん座、さそり座、いて座と誕生日の星座が並んでいます。てんびん座は逆「く」の字に星を結びます。さそり座は赤っぽ

夏・北の空

6月上旬：01時頃
6月下旬：00時頃
7月上旬：23時頃
7月下旬：22時頃
8月上旬：21時頃
8月下旬：20時頃

第5夜

星座

い光を放つ1等星アンタレスを通る大きな横S字に星を結びます。いて座はいくつか星の結び方がありますが、その一つ、上半身の星をティーポットの形に結ぶと、矢の先端の注ぎ口付近は天の川の川幅が大きく広がったあたりで、まるでティーポットの注ぎ口から湯気が出ているようにも見えます。この天の川の大きく広がった付近が、私たちが住む銀河系の中心

方向です。ティーポットの取っ手の部分には北斗七星に似た星の並びがあります。でも、星の数は6個しかありません。これは「北斗七星」に対して「南斗六星（なんとろくせい）」と呼ばれている星の並びです。

　いて座をティーポットの形に星を結ぶ例を紹介しましたが、実は星座の星の結び方には決まりがありません。自分で分かりやすい、覚えや

夏・東の空

6月上旬：01時頃
6月下旬：00時頃
7月上旬：23時頃
7月下旬：22時頃
8月上旬：21時頃
8月下旬：20時頃

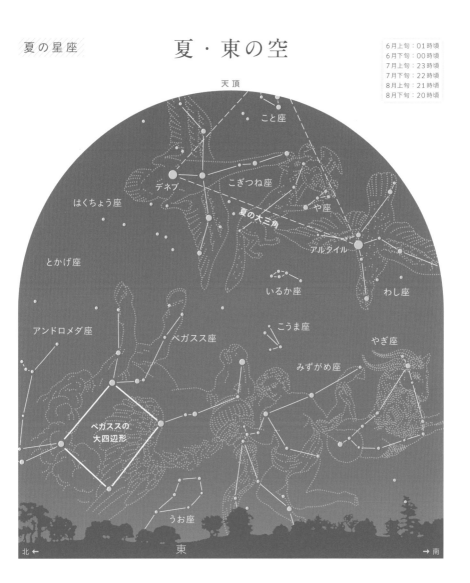

天頂

こと座

デネブ　こぎつね座

はくちょう座

夏の大三角

や座

とかげ座

アルタイル

いるか座

わし座

アンドロメダ座　　こうま座

ペガスス座　　　　　　　やぎ座

みずがめ座

ペガススの
大四辺形

うお座

北 ←　　　　　　東　　　　　　→ 南

第
5
夜

星
座

すいように星を結んでもいいのです。そんなこと
をしていると、もういっそのこと自分で星座を作っ
ちゃえって気分になります。マイ星座を一つ作
るのもいいし、いくつか星座を作って新しい星

座のお話を創造するのもいいですね。武勇伝、
ロマンス、はたまた喜劇……どんなお話がお好
みでしょうか。

京都大学岡山観測所
戸田 博之

秋・天頂

9月上旬：01時頃
9月下旬：00時頃
10月上旬：23時頃
10月下旬：22時頃
11月上旬：21時頃
11月下旬：20時頃

第5夜

星座

　　虫の鳴き声も心地よく感じられる秋の頃。
　　夏の暑さが和らぎ、心持ちも自然に夜
の星空に誘われます。
　秋の夜空は明るい星が少なく、星座が見つ
けにくいという印象を持たれがちですが、ギリ
シャ神話に彩られた個性的な星座たちの宝
庫でもあります。壮大な神話のお話に想いを
寄せながら星座を辿っていただくと、他の季節

とはまた違った趣で夜空を楽しむことができる
のです。
　さて、秋が深まるにつれ日暮れの時間はど
んどん早まります。西空には夏の星々のなごり
「夏の大三角」。こと座のベガ（おりひめ星）、
わし座のアルタイル（ひこ星）、はくちょう座の
デネブの三つの1等星で形作られる三角形
が存在感を放ち続けています。

秋・南の空

9月上旬：01時頃
9月下旬：00時頃
10月上旬：23時頃
10月下旬：22時頃
11月上旬：21時頃
11月下旬：20時頃

第 5 夜

星 座

　一方、秋の夜空のシンボルは、天頂付近の2等星で形作られる「秋の四辺形（ペガススの大四辺形）」。空を駆ける天馬・ペガスス座の胴体を表す星の並びです。秋の四辺形の西よりの辺を南方向に伸ばすと、秋の星座で唯一の1等星、みなみのうお座のフォーマルハウト。東よりの辺を北方向に伸ばすとカシオペヤ座の「W」字型が簡単に見つかります。

カシオペヤ座の星の並びを上手に使えば北極星を探すよい手がかりにもなります。

　さらに日本では、秋の四辺形から北東方向に伸びる棒のような星の並びを秋の四辺形と合わせて「旗星」と呼んできました。この旗星の旗竿にあたる部分はアンドロメダ座の一部となっています。アンドロメダ座の腰のあたり、天の川が見えるような夜空の暗い場所で

秋・西の空

9月上旬：01時頃
9月下旬：00時頃
10月上旬：23時頃
10月下旬：22時頃
11月上旬：21時頃
11月下旬：20時頃

第5夜

星座

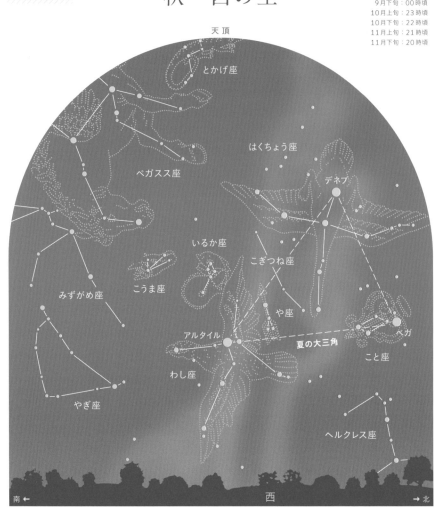

天頂

とかげ座

はくちょう座

ペガスス座

デネブ

いるか座

こぎつね座

こうま座

みずがめ座

や座

ベガ

アルタイル

夏の大三角

こと座

わし座

やぎ座

ヘルクレス座

南 ←　　　　　　　西　　　　　　　→ 北

は、アンドロメダ銀河（M31）の淡い光芒を肉眼で確認できるかもしれません。アンドロメダ銀河の距離は250万光年。光の速さでも250万年かかる、気の遠くなるような遠い距離にある天体です。実際に夜空で見つけることができたら、その光は250万年前にアンドロメダ銀河を出発し、遥かな宇宙の旅の果てにみなさんの目に飛び込んできた、よその銀河の生

の光を受け止めたことになります。アンドロメダ銀河は、肉眼だけで見ることができるものとしては、地上からは最も遠い存在となります。

　さて、秋の夜空にはこのアンドロメダにまつわる、壮大なギリシャ神話が伝えられています。舞台は古代エチオピア王朝。アンドロメダ姫（アンドロメダ座）の美貌を自慢する母のカシオペヤ王妃（カシオペヤ座）の失言は、海の

秋・北の空

9月上旬：01時頃
9月下旬：00時頃
10月上旬：23時頃
10月下旬：22時頃
11月上旬：21時頃
11月下旬：20時頃

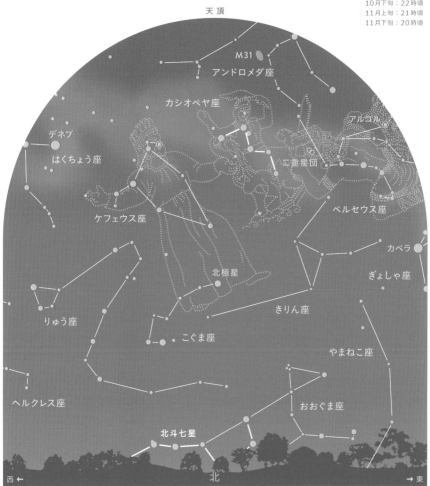

天頂

M31
アンドロメダ座

カシオペヤ座

アルゴル

デネブ
はくちょう座

二重星団

ペルセウス座

ケフェウス座

カペラ
ぎょしゃ座

北極星

りゅう座

きりん座

こぐま座

やまねこ座

ヘルクレス座

おおぐま座

北斗七星

西 ←　　　　　　　　　　　北　　　　　　　　　　→ 東

第 5 夜

星 座

神ポセイドンの怒りをかってしまいます。海の神が放った王国内で暴れる海獣ティアマト（くじら座）を鎮めるため、いけにえに差し出されるアンドロメダ姫。そこに偶然、天馬ペガスス（ペガスス座）にまたがった勇者ペルセウス（ペルセウス座）が現れ、退治した妖女メドゥーサの首の魔力で海獣ティアマトを石の姿に変え、アンドロメダ姫を救い出すのです。

こうした神話は今から2000年以上昔に作られ、不幸なお姫様を王子様が救い出すプリンセスストーリーのルーツになったとも考えられています。

私は大学生の頃、明るさが変わる星「変光星」の観測に取り組んでいた時期があります。星の明るさの変化は、年老いた星が身もだえたり、爆発を繰り返したり、すすを吐き出し

秋・東の空

9月上旬：01時頃
9月下旬：00時頃
10月上旬：23時頃
10月下旬：22時頃
11月上旬：21時頃
11月下旬：20時頃

天頂
アンドロメダ座
さんかく座
二重星団
おひつじ座
うお座
ペルセウス座
アルゴル
ミラ
カペラ
プレアデス
ヒアデス
くじら座
アルデバラン
ぎょしゃ座
おうし座
オリオン座
エリダヌス座
ふたご座
ろ座
三つ星
リゲル
ベテルギウス

北 ←　　　東　　　→ 南

第5夜

星座

たりと、個々にドラマを繰り広げていることを物語っています。双眼鏡で毎晩、星の明るさを記録しながら、星たちからの光のメッセージを読み解くことに、ささやかなロマンを感じたものです。

　秋に楽しみたい二つの「変光星」をご紹介しましょう。ペルセウス座が片手に持つ妖女メドゥーサの額に輝く「アルゴル」は、2日と21時間ごとに2等星から3等星に規則的に暗く

なる食変光星。くじら座の首元で輝く「ミラ」は330日周期で3等星から10等星までダイナミックに明るさが変化する脈動変光星です。人間の目は6等星以下の光を感じることができないので、ミラはいつも肉眼で確認できるとは限りません。

ライフパーク倉敷科学センター
三島 和久

冬・天頂

12月上旬：01時頃
12月下旬：00時頃
1月上旬：23時頃
1月下旬：22時頃
2月上旬：21時頃
2月下旬：20時頃

北

おおぐま座

きりん座

二重星団

やまねこ座

ベルセウス座

アルゴル

さんかく座

しし座

ぎょしゃ座

カペラ

おひつじ座

ふたご座

プレアデス

カストル
ポルックス

冬のダイヤモンド

ヒアデス

くじら座

かに座

プレセペ

アルデバラン

オリオン座

東

プロキオン

冬の大三角

ベテル
ギウス

おうし座

こいぬ座

三つ星
M42

いっかくじゅう座

エリダヌス座

リゲル

シリウス

西

南

吐く息が白くなる寒い冬の日。太陽があっという間に沈み、夕暮れがすぐに訪れます。冷たい空気が私たちの体を震わせますが、星たちの光も震わせてキラキラと瞬きます。——冬の星空は本当に素敵です。特に、雪が降った後なんかは、寒さを忘れるくらい最高です。空を見わたせば、オリオン、シリウス、すばる……。冬は夜空の人気者でいっぱいです。

それではさっそく、ちょっと暖かい格好をして冬の星空散歩に出かけましょう。

まず最初に見つけたいのがオリオン座です。きちんと並んだ三つの星を取り囲むように四つの星が長方形を作っています。この勇ましい狩人オリオンの姿が見えてくると、冬がやってきたなぁ…と感じます。長方形の左上の赤色の星ベテルギウスと右下の白い星リゲルは色の違い

冬・南の空

12月上旬：01時頃
12月下旬：00時頃
1月上旬：23時頃
1月下旬：22時頃
2月上旬：21時頃
2月下旬：20時頃

第
5
夜

星
座

も分かり、お互い競い合うように輝いています。

　オリオンのベルトにあたる三つ星を結んで左下に伸ばすと、おおいぬ座のシリウスが見つかります。星座を作る星で一番明るい星だけあって、ギラギラと青白く輝いています。ベテルギウスとシリウスからさらに左手に明るい星、こいぬ座のプロキオンを結ぶと「冬の大三角」が見つかります。冬の大三角の星座からは狩人オリオンが2匹の犬を引き連れて狩りに出かけている姿が想像できそうですね。一方、オリオンの三つ星を右上に伸ばしてみると、おうし座のアルデバランがオレンジ色に輝いています。また、リゲルからベテルギウスに向かって目線を上げていくと、二つの星が仲良く並んでいるのが分かるでしょう。ふたご座のカストルとポルックスです。明るく目立っている星が弟のポルックスで

冬・西の空

12月上旬：01時頃
12月下旬：00時頃
1月上旬：23時頃
1月下旬：22時頃
2月上旬：21時頃
2月下旬：20時頃

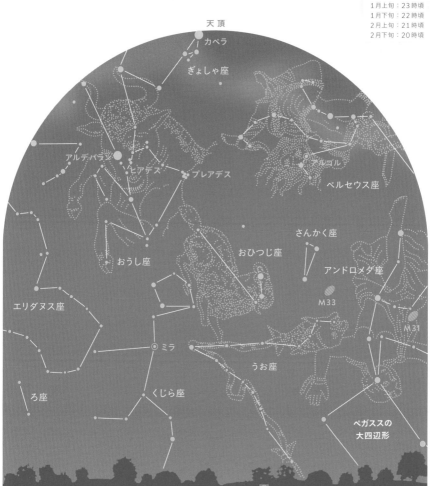

第 *5* 夜

星座

す。ポルックスから、プロキオン、シリウス、リゲル、アルデバランと、さらに頭上付近で黄色っぽく輝く、ぎょしゃ座のカペラを見つけて順番に星を結んでいきましょう。そうすると、夜空に大きな六角形ができます。これを「冬のダイヤモンド」といいます。空いっぱいに広がる星の宝石は、街中でも探せるので一番のオススメです。

さて、冬の星たちがいくつか登場しましたが、じっくり見ると色の違いも見えてきます。おおざっぱに言って、星の世界では色の違いが星の年齢を表しています。青白く輝くシリウスやリゲルは若い星たち。赤色に見えるベテルギウスはおじいさんの星。アルデバランやカペラはオレンジや黄色に見えるので、働き盛りの大人の星といったところでしょうか。星の一生は何千万年とも何億年ともいわれています。私たちが見

冬の星座

冬・北の空

12月上旬：01時頃
12月下旬：00時頃
1月上旬：23時頃
1月下旬：22時頃
2月上旬：21時頃
2月下旬：20時頃

天頂

ぎょしゃ座
カペラ
やまねこ座
ペルセウス座
二重星団
きりん座
おおぐま座
北極星
カシオペヤ座
こぐま座
北斗七星
とかげ座
ケフェウス座
りゅう座
うしかい座
はくちょう座
デネブ

西 ←　　　　　　　　北　　　　　　　→ 東

第
5
夜

星
座

ているのは、その星の人生のある瞬間だけ。いろいろな星を調べることで、星の成長アルバムが見えてきます。

　最後にオススメの天体を二つご紹介しましょう。まず一つ目はすばるです。「星はすばる…」と清少納言が書いたように、すばるは冬の空でぜひ見つけたい天体です。アルデバランから少し右上、おうし座の背中に星が寄り集まっ

ている姿がすばるです。双眼鏡で見てみると、まるで夜空に宝石をばらまいたような姿が印象的です。

　すばるはプレアデス星団と言い、赤ちゃん星の集まりです。もう一つは、オリオンの三つ星のすぐ下にある淡い雲のような天体、オリオン大星雲です（M42とも言います）。こちらは星の材料となるガスの集まりです。

-90-

冬・東の空

12月上旬：01時頃
12月下旬：00時頃
1月上旬：23時頃
1月下旬：22時頃
2月上旬：21時頃
2月下旬：20時頃

天頂

ふたご座

カストル

ポルックス

やまねこ座

こいぬ座

かに座

プロキオン

おおぐま座

プレセペ

いっかくじゅう座

第5夜

こじし座

ししの大鎌

レグルス

アルファルド

しし座

ろくぶんぎ座

うみへび座

星座

北 ← 　　東　　 → 南

　星はガスから生まれ、色を変えながら年齢を重ね、ガスを吐き出して一生を終え、そのガスから次の世代の星が生まれます。この繰返しの中で、どこかの星から受け継いだガスから太陽も生まれ、そして地球や私たちが生まれました。そう考えて星空を見ていると、なんだか自分と宇宙がつながるような…、そんな感じがしてきませんか。

水谷　有宏

-91-

黄道12星座の星案内

元国立天文台 天文情報センター
室井 恭子

　星のことにはあまり詳しくなくても、自分の誕生日の星座なら知っているという方は多いのではないでしょうか。おうし座・ふたご座・おとめ座・さそり座などの12の星座です。では、実際に自分の星座を見たことはあるでしょうか。また、夜空でいつその星座が見られるかご存じですか？　実は誕生日の星座といいながらもその日には見えず、約3ヶ月前が見頃なのです。例えば、おうし座なら誕生日の4月、5月ではなく、最も見やすいのは1月、2月の20時頃というわけです。なぜ誕生日の頃に見えないのか、その理由は12星座の成り立ちと関係があります。夜空にはたくさんの星座がありますが（全部で88個）、誕生日の星座は、その時に太陽と同じ方向にある星座だから選ばれたのです。つまり夜には太陽と一緒に地平線の下へと沈んでしまうので見えないのです。

　12星座を全部たどっていくと、空を一回りしてまた元の位置に戻ってきます。言いかえれば、12星座があるところは太陽が1年かけて空を移動していく通り道というわけです。その通り道のことを、太陽が黄色に見えることから黄色い道と書いて黄道（こうどう）というので、誕生日の星座は黄道12星座とも呼ばれています。でもそれらが決められたのは今から約2000年も前のこと。もうその時の誕生日の太陽の位置と今の星座の位置は少しずれてしまっています。地球の自転軸の向きがゆっくりと移動しているため、地球から見る太陽と12星座との位置関係がちょっとずつ変わっていくからです。

　それでは12個それぞれの星座の見つけ方や見どころをみていきましょう。

おひつじ座 　　Aries

　おひつじ座は12星座のトップバッターであ
りながら、秋の夜空であまり目立たない星座で
す。唯一、おひつじ座の中で一番明るい2等
星のハマルが都会の空でも見つかる程度。ハ
マルは羊の頭で輝くオレンジ色っぽい星で、も
う少し空が暗いところならあと2、3個星が見
え、ハマルとともに線で結ぶと、への字を裏返
したように見えるでしょう。そこが羊の頭からしっ
ぽにあたるところです。地味なおひつじ座です
が、羊の頭あたりにあるγ（ガンマ）星に望遠
鏡を向けると星がちょんちょんと2つ並んだ二重
星が見えます。華やかさはありませんが、ほぼ
同じ明るさの白い星が2つ並んだ様子はまる
で双子のようです。

おうし座 　　Taurus

　凍てつく冬の夜空にアルデバランがオレンジ
色に輝くおうし座は、都会の空でも見つけやす
い星座です。おうしの顔を描くように星がVの
字に並んでいるのはヒアデス星団。地球から近
いので最も大きく見える散開星団です。近いと
いっても光の速度でなんと150年もかかるところ
にあります。おうしの背中で星がごちゃごちゃ集
まって見えるのは、この星座一番の見どころす
ばる。肉眼でも5、6個の星が見えますが、双
眼鏡で覗くと青白い星が視野いっぱいに散ら
ばり、思わず息をのむほどの美しさです。プレア
デス星団ともいう散開星団で、星としてはまだ
若い5000万歳くらいの赤ちゃん星です。

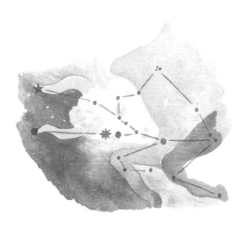

ふたご座　　Gemini

　ほぼ同じ明るさで仲良く輝く2つの星が目印。兄のカストルと弟のポルックスです。カストルは一見ふつうの星ですが、望遠鏡で見ると2つの星に分かれて見える二重星で、それぞれの星も二重星。つまり四重星なのです！　でも驚くのはここから。その四重星の周りを回っている二重星があるのです。結局カストルは3組の双子の星からなるなんとも複雑な星です。さて、カストルの足元を双眼鏡で見ると、淡く丸い光の塊がぼうっと見えます。若い星の集まり、散開星団 M35 です。目が慣れてくるとまるで紙を針でつついたかのように小粒の青白い星たちがぽつぽつと見えてくるかわいらしい星団です。

第5夜

星座

かに座　　Cancer

　冬の星座が西の空に傾く4月頃、南の空高く上ってきているのが春の星座のトップバッター、かに座です。暗い星ばかりなので見つけにくいですが、場所の目安は、ふたご座としし座のちょうど中間あたり。空のきれいな場所で見てみると、かにの甲羅を形作る4つの星が四角形に並び、さらにその中心にはぼんやりとした光のしみのようなものが見えてきます。プレセペ星団です。数十個以上の星が集まった散開星団で、その見た目から蜂の巣星団という愛称でも親しまれています。双眼鏡で覗いてみると四角形の中に散らばる星たちの様子はまるで宝石箱のように美しく、ぜひ見てみたい星団の1つです。

しし座　　　Leo

　しし座はとても見つけやすい春の星座です。ライオンの頭から首にかけて？マークを裏返した形に星が並びます。胸元で輝く1等星のレグルスから左に目を向けるとしっぽの星デネボラが見つかり、デネボラとその右にある2つの星で作る小さな三角形がお尻です。夜空を駆けるライオンの勇姿が浮かび上がったら、首すじにある2等星のアルギエバを望遠鏡で見てみましょう。ライオンのたてがみのような黄金色に輝く二重星が見えます。この2つの星は、地球が太陽の周りを回っているように、片方の星がもう片方の星の周りを回っています。大小の黄色い星が並んだ様子はライオンの親子のようです。

第5夜

おとめ座　　　Virgo

星座

　少女の素肌を思わせる純白色の1等星スピカが目印。日本では真珠星とも呼ばれています。腰のあたりにある3等星ポリマを望遠鏡で覗くと黄色っぽい星が2つ並んで見えます。小さな望遠鏡ではほとんどつながって見えるかもしれません。でも実はこの二重星、今後は見やすくなっていきます。2つの星は約170年の周期で楕円形を描くように互いの周りを回り合っているので、年々2つの星の間隔が変化していくのです。数年前の最も接近した時期にはほとんどくっついて見えていましたが、現在はどんどん離れている時期。2つに分かれて見えるかどうか、いつも注目を浴びている人気者です。

てんびん座　　Libra

てんびん座は星の数が少ないのであまり目立たない星座ですが、見つけるコツは、さそりのはさみを思い浮かべてみること。実はてんびん座は昔、すぐ左隣にあるさそり座の一部だったのです。さそりが両手を伸ばした先にあるはさみの位置にあります。3つの星がくの字を裏返しにした形に並んでいるのが見つかれば、それがてんびん座です。3つのうち真ん中にある α 星は双眼鏡で見てみると白い星が2つ並んだ二重星であることがわかります。望遠鏡で見れば、明るい星のすぐ脇に暗い星がちょこんと寄り添って見え、白い2つの星が雪だるまのように見えるかわいい二重星です。

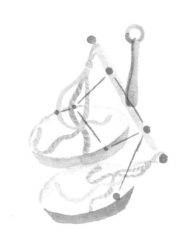

さそり座　　Scorpius

夏の夜空で最も見つけやすい星座の1つがさそり座。さそりの姿を連想させるように星がくねくねとSの字に並んでいます。さそりの心臓で真っ赤に輝く一等星はアンタレス。巨大な星で、もし太陽の位置にアンタレスがあったら地球を飲み込み火星あたりまで届くほど。もうすぐ寿命を迎える星です。空の澄んだ日に、しっぽの先あたりを見ると肉眼でもぼうっとした光の塊が見えてきます。散開星団M7です。M7は天の川の中に見えるので、双眼鏡で覗くとたくさんの青白い星が散らばり、その背景に天の川の星々がびっしりと広がっている様子はとても美しくいつまでも見ていたくなります。

いて座　　Sagittarius

　いて座の目印はひしゃくの形とティーポット。射手の手から弓にかけての6つの星の並びが北の空でおなじみのひしゃく、北斗七星に似ているので、南の空で見えることから南斗六星と呼ばれています。南斗六星がティーポットの取っ手、矢の先がポットの注ぎ口です。空のきれいなところなら、背景に見える天の川の淡い光が注ぎ口からたちのぼる湯気に見えるかもしれませんね。いて座の背中あたりには双眼鏡で見るとぼんやりとした丸い光の塊に見える球状星団 M22 があります。100億歳くらいのお年寄りの星がボール状に集まった星団で、大きめの望遠鏡なら星が粒々に見えます。

第 5 夜

やぎ座　　Capricornus

星座

　まだ夏の暑さが残る初秋の頃、空の真上で輝くこと座のベガからわし座のアルタイルへと辿り、そのまま同じ方向へもう少し目を移すと、南の空にいびつな逆三角形を描くように星が並んだやぎ座が見つかります。その形から想像するのは難しいですが、ギリシャ神話では上半身がやぎ、下半身は魚という一風変わった姿で登場しています。やぎの頭で輝くアルゲディは一見すると1つの星にしか見えませんが、双眼鏡で見ると黄色っぽい星が2つ並んだ二重星です。目の良い方なら肉眼でも2つの星が寄り添うように並んでいるのが見えるはずです。視力試しにご覧になってみてはいかがでしょうか。

みずがめ座　　Aquarius

　大きな星座ですが明るい星が少ないので探すのに一苦労するかもしれません。目印は三ツ矢のマーク。ペガスス座の右下あたりをよく見ると4つの星が三ツ矢またはYの字に並んでいるのが見えます。そこがみずがめの口にあたります。空のきれいな場所に行く機会があったら、みずがめ座の足元を大きめの双眼鏡で覗いてみましょう。ぼうっと淡く広がる煙のような星雲が見られます。目が慣れてくるとリング状になっているのが分かるかもしれません。その形かららせん状星雲という愛称で呼ばれる惑星状星雲で、太陽のような星が一生の終わりに放出したガスが光って見えているところです。

うお座　　Pisces

　うお座は暗い星ばかりでかに座と同じくらい見つけにくい星座です。よく晴れた秋の夜に目を凝らすと、ペガスス座の東と南に小さな楕円形を作るように星が並んでいるのが見つかるでしょう。それぞれの楕円が魚を表し、2匹の魚がリボンで結ばれた姿がうお座です。なぜ結ばれているのかといえば、この2匹は愛の女神アフロディーテと息子エロスの仮の姿。二人が川辺にいると突然、怪獣テュフォンが現れました。精霊ニンフの助けを求めて川に飛び込んだ際、我が子と離れ離れにならないように、アフロディーテが二人の体を結んだと言われています。これはギリシャ神話のお話で、他にもいくつかの由来が語り継がれています。

サン＝テグジュペリと星

飛行機を生涯の友としたサン＝テグジュペリは、幼い頃から、いつか自分の操縦で、大空を自由に駆け巡る日を夢見ていました。その先にある星々に彼が最も親しんでいたのは、1927年にサハラ砂漠の中継基地キャップ・ジュビーの飛行場主任となり、カサブランカ—ダカール間の郵便飛行を担当していた約一年半の間。航路の中継基地近く、西サハラ砂漠から見た星空だったと言われています。飛行機のレーダー精度がまだ高くない時代、夜空に瞬く星は、その位置によって飛行士へ向かうべき道を知らせる、かけがえのない存在でした。砂漠に住む生き物やオアシス、太陽や風と同じように、星もまたこの作家に方向を与え、自分を存在させてくれる目印として、その作品にも重要な役割を果たしていました。

サン＝テグジュペリの死後も、星にまつわる話題がいくつか生まれています。

火星と木星の間に位置する小惑星帯に、「B612（46610 Bésixdouze）」という小惑星があります。1993年に日本のアマチュア天文家により発見された天体で、星の王子さまのふるさと「小惑星B612」にちなんで命名されました。"Bésixdouze" はフランス語の読み下しで、"Bé＝B"、"six＝6"、"douze＝12" として、"B612" となります。『星の王子さま』の作中では、1909年にトルコの天文学者が一夜だけ観測し、万国天文学会議で発表したものの、最初は誰も信じてくれなかったと書かれている天体です。

この小惑星をめぐり、日本人の天文学愛好家によって2000年に一つの発見が発表されました。背景に描かれた3つの星が、それぞれ木星、土星、おうし座の1等星アルデバランであり、60年に一度、この3つの星が接近し、挿絵の通りに位置するというものです。天文ファンであったその方は、夜ごと星を眺めてスケッチをするうちに気づいたといいます。60年に一度の周期を遡ると、この三角形の接近が見られたのは1940年で、『星の王子さま』が書かれた1942年頃にあたります。作品中では確かに3つの星が目立って描かれ、その一つは明らかに土星の形をしています。真偽は分かりませんが、夜間飛行の多かったサン＝テグジュペリは星座の深い知識を備えていたため、この発見の一報は当時（2000年）新聞でも紹介され、大きな話題を呼びました。

また、サン＝テグジュペリやこの物語の名前が付いた星も実在します。一つは1975年、ロシアの女性天文学者タマラ・スミルノワがウクライナにあるクリミア天体物理天文台で発見した直径17kmほどの小惑星。「サン＝テグジュペリ（2578 Saint-Exupery）」と命名されました。もう一つは、小惑星帯にある大型の小惑星「ウジェニア（45 Eugenia）」の衛星です。1998年、ハワイ・マウナケア山頂にある天文台での観測により、ウジェニアを巡る軌道に衛星が発見され、後に「プティ・プランス（〔45〕Eugenia I Petit-Prince）」という名前が付きました。「プティ・プランス」は、地上での観測によって小惑星の衛星を発見した最初の例としても知られています。

天文学者の話

3

138億年を前に

柏川 伸成（東京大学理学系研究科天文学専攻・教授）

私は観測天文学の中でも、遠くの宇宙に関する研究をしています。研究の目的は、宇宙がいつ始まって、どこで星が生まれて成長し、そしてどのように私たちが生まれて、なぜ今ここにいるのか、という長大な歴史を知ることです。天文学者のなかには、小さな頃から望遠鏡を覗いて星の世界に惹かれたという人も多くいます。しかし都会で育った私は、夜空を見上げても星はあまりたくさん見えませんでした。むしろ、暗くてまったく何も見えない虚空のその先はどうなっているのだろう、という不思議があり、宇宙の広がり、大きさ、仕組みにずっと興味がありました。まさに私が今やっているのはそういう研究です。その反面で幼い頃、宇宙に対しては「怖い」という感情もありました。見上げた先の、漆黒の一点を見ていると、すごく怖くなる。とても孤独な、ひとりぼっちになる気持ちです。客観的に見ると、宇宙が果てしなく広がる中にポツンと地球があり、その中に自分一人がいる。本当にそうなのだろうか、と思っていました。

この道を選んだきっかけの一つは、中学生の時に出会ったテレビ番組『コスモス』です。1980年に放映された、アメリカの天文学者カール・セーガンが監修したドキュメンタリー。天文学だけでなく、科学の歴史や地球外生命も含め、宇宙に関する最新のトピックスを全部紹介する番組で、単行本や図鑑なども多数刊行され、ちょっとした社会現象になりました。コペルニクスによる地動説によって宇宙像がどう変革されたか、どうして宇宙には我々しか住んでいないのかなど、すべての謎が面白く、新鮮で、興味がつきなかったのです。

高校に入った頃には、素粒子にも興味を持ち、湯川秀樹の本の影響も受け、小さい世界に行くか、大きい世界に行くべきかを迷いました。そのまま地元の京都大学に入り、素粒子研究

について現場の先生に聞くと、理論は面白いけれど、実験はいわゆるビッグサイエンスで、100人〜200人いるチームの一人としてでしか働けない。皆の協力の下で一つの実験を行なうのが素粒子物理学でした。翻って天文学は、まだ大型望遠鏡が日本にはなかった時代。いくらでも自分が世界を切り拓けるように思えました。ちょうど東京大学で新しい観測装置を作ろうとしていると聞き、東大の修士課程で天文学教室に進んだのが研究者の第一歩でした。

1980年代以前の日本の天文学においては、夜空の天体を撮影する際に写真乾板を用いていました。ガラス板に星の光を感光させて、それをルーペで見る方法です。その頃から一般にデジカメが出始めて、天文学にも応用されつつありました。ただ、感度の良いデジカメは暗い天体を撮影できるという利点の一方で、CCD（撮像素子）が小さいために多くの天体を見ることができないという弱点を持っていました。ならばたくさん敷き詰めて大きくしようと考えた人がいて、その開発に携わったのが大学院の時でした。ハワイのマウナケア山頂にあるすばる望遠鏡の主焦点カメラにも、この技術が応用されたのです。

すばる望遠鏡が完成した1999年を境に、日本の観測天文学は飛躍的に伸びました。望遠鏡ができて、日本の天文学者の頑張りもあり、アメリカやヨーロッパをはじめとする世界と肩を並べるようになります。その象徴的な出来事の一つが、2006年に発表した、宇宙で最遠の銀河発見です。私たちの研究チームが、ビッグバンから約7億8千万年後（それは「宇宙の暗黒時代」に程近い）、距離にして約128億8千万光年の彼方に、銀河を見つけたのです。

実はここで、驚くべき発見がありました。この最遠の銀河が見つかった128億年前と、それよりも近い126億年前のわずかの間に、宇宙空間自体の大きな変化があったのです。たとえば現在から遡って10億年前と、20億年前の宇宙空間を比較しても、両者にあまり変化はありません。20億年前と50億年前も同じです。でもだんだん遠くの宇宙、昔の宇宙を見ていくと、ある境目から宇宙空間が真っ暗になるんです。これは最初の銀河が生まれた頃、星々の紫外光によって宇宙に漂う中性の水素原子が電離される「宇宙の再電離」という現象によるものですが、宇宙の進化を解明する上で、これがいつ起こったのかは長い間の謎でした。それが分かれば、最初の銀河がいつ頃できたか、という大きな謎の解明にも近づきます。私たちが見ていたのは、まさにその境目だったのです。薄々とは言われていたことですが、誰もそれを観測できていなかったこと、でした。

これを機に、この分野は大いに発展しました。世界の様々な研究者が観測に携わって理解が進み、宇宙の歴史は130億年前まで辿れるようになりました。まだ天体誕生の決定的な時代は分からないけれど、もう少ししたら、そこが見えそうなんです。何も無い暗黒の世界に、ある時、恐らくぽっと明るい星が一つ生まれる。どんな姿をしているのでしょうか。ALMA望遠鏡の本格運用が始まることで、世界と競争しながら、日本の天文学はこれからますます面白くなるでしょう。

   ♂ ♂ ♂

人間が抱く宇宙への興味や関心には、大きく分けて2つあるのではないでしょうか。最新

の理論や物理法則を理解できれば楽しいけれど、たとえできなくても、星が美しいとか、不思議だなと思うことも、同じように大切にしています。

たとえば雨上がりの空に虹がかかるのを見た時、きれいだなと足を止める。かつてニュートンが太陽の光をプリズムで分解して、虹が七色に見える原因は、光の波長が違うからだよ、と皆の謎を解いた。でもそれによって、虹の美しさが損なわれることはありませんでした。どうして虹ができるのだろう、という疑問が消えた後も、それを知ることで、さらに美しく見えることもあります。それが何であるか分からない、不思議だと思う感動と、その仕組みが分かった時の感動と両方があります。むしろ不思議だな、という疑問を持つことの方が科学は大事です。子どもの学校の教科書には、「これはこうなっている」「あれはこういう仕組みです」、と書かれてはいても、「これはまだ解明されていません」とは書かれない。でも、分かっていないという、それこそが、本当は面白いのです。

『コスモス』の時代に比べて、私自身の宇宙の見方は変わったかもしれませんが、いまでも調べれば調べるほど美しいと思います。まるで神様が作ったかのように、宇宙には秩序があり、きれいな形をして銀河は存在し、ある一定の法則で膨張しています。その秩序が、人の手を借りずに自然が作り出したというところに感動があります。

ただ、自然と向き合っている科学者は皆感じることだとは思いますが、自分が見たものを、どのように伝えるかによって、大きく結果の波及のしかたが変わるのです。観測結果に現れたゴミみたいなものを本物だと思ってしまって、ここにこういうものがありましたよ、と発表すると、当

然多くの人は信じてしまう。それはとても怖いことです。一時的であれ科学の歴史を変えることでもあるし、それが結果的にゴミだと分かれば、その人の研究者人生はかなり傷ついてしまうんです。だからこそ、自然に対しては常に真摯な姿勢でいなければと、思っています。本当にこれは正しいのか、自分はこう考えるけれど、この角度から見ても、この状況からもそうなのか？ 常に検証をしないと、なかなか公に発表できないという慎重さがあります。私たちもロボットではないから、見たものすべてが真実ではなくて、時には間違います。そうやって科学は修正されていく。実に人間臭く、とても健康的なことです。

子ども時代に宇宙を見上げて感じた孤独は、今はもうなくなりました。この宇宙には、めくるめく天体があって、自分一人とは到底思えないし、探せば探すほど面白い天体が見つかってくる。宇宙のことが分かってくると、宇宙と会話をしている気持ちになるときがあります。137億年という宇宙の歴史を前に、人間の一生はあまりにも短いですが、ほんの少しでも宇宙の様子が分かれば、そしてその美しさを多くの方と共有できれば、と願っています。そしてそこには分からない未知のものに対して、知りたい、挑みたい、と願う自分の抑えられない気持ちがあることも確かなのです。

柏川 伸成（かしかわ・のぶなり）

1966年、埼玉県蕨市生まれ。東京大学大学院理学系博士課程修了。日本学術振興会特別研究員、国立天文台助教、准教授を経て、現在、東京大学大学院理学系研究科・天文学専攻・教授。理学博士。研究テーマは遠方宇宙、初期宇宙、特に銀河、ブラックホール、宇宙の大規模構造の形成と進化に関する観測的研究。宇宙と同じく謎めいた珈琲と宇宙と同じく深遠なワイン、そして宇宙と同じく調和のとれたサッカーをこよなく愛する。
http://groups.astron.s.u-tokyo.ac.jp/kashik/

人と星の道のり

People have stars,
but they aren't the Same.

「夜になったら、星をながめておくれよ。ぼくんちは、とてもちっぽけだから、
どこにぼくの星があるのか、きみに見せるわけにはいかないんだ。だけど、そのほうがいいよ。
きみは、ぼくの星を、星のうちの、どれか一つだと思ってながめるからね。
すると、きみは、どの星も、ながめるのがすきになるよ。
星がみんな、きみの友だちになるわけさ」

人は今、宇宙のどのあたりにいるのか

　古今東西の天文学者たちが満天の星々を眺め、天体観測と理論研究の両輪をフル稼働させて、宇宙の謎解きに長らく挑戦してきました。ところが、私たちが眺める星や銀河、すなわち宇宙を構成している元素（正確にはバリオンと呼ばれる素粒子）は、宇宙全体の質量のたった5%程度に過ぎず、残り95%の内訳は、27%がダーク・マター、68%がダーク・エネルギーであるというとても不思議な事実が判明しました。ダーク・マターは正体不明の素粒子で現在、研究が進みつつありますが、ダーク・エネルギーは、まったくもって何ものであるのか分かっていません。今、宇宙論の研究現場は混沌とし、ミクロな素粒子を調べる物理学者たちもマクロな宇宙を実験場とする天文学者たちも、「なぜ？」をすっきり解決してくれる新しい理論の出現を待ち望んでいます。まさに夜も眠れないという感じです。

最終夜

人と星の道のり

　宇宙では遠くを見ることは昔を見ること。身近な星・太陽ですが、地球から太陽までの距離は約1億5000万km。真空中を毎秒30万kmのスピードで進む「光」でさえ、8分19秒もかかってしまいます。つまり、見えている太陽は8分19秒前の太陽の姿であって、太陽が仮に今、爆発したとしても8分19秒経たないと分からないのです。太陽系の外側の天体の距離は光年を使って表すことができます。1光年は光が1年間に宇宙空間を進む距離のことで、約9兆5000億kmという距離。七夕のおりひめ星（こと座のベガ）とひこ星（わし座のアルタイル）の場合、おりひめ星までは地球から25光年。ひこ星までは17光年。私たちはおりひめの25年前の姿、ひこ星の17年前の姿を見ているのです。一方、秋の夜空、アンドロメダ姫の腰のあたりに、米粒大のぼうっとした雲のような塊を見ることができます。これがアンドロメダ銀河M31。アンドロメダ銀河は、私たちの住む天の川銀河（銀河系）のお隣の銀河で、距離は250万光年です。

そして宇宙の果てまではおよそ138億光年。すなわち、私たちの住む宇宙は今から138億年前に誕生したのです。

　今、天文学は旬を迎えています。人類の根源的な問いでもある「私たちはどこから来てどこに行こうとしているのか？」「私たちは何者で、宇宙には私たちのような生命が住む星は他にあるのか？」という二大テーマが、観測や理論の進歩によって、いよいよ解き明かされようとしています。

　現代を生きる私たちにとって、星や宇宙はどんな存在なのでしょう。知的好奇心の対象として、あるいは癒しを求めて実際の星空やプラネタリウムで時間を過ごす人が増えています。日本には350を超えるプラネタリウム館があり、公開している天文台施設も400施設程度、さらに世界の第一線で活躍している研究機関や大学があります。最新の宇宙知識を得たり、星に触れることのできる場所へ訪れてみてはいかがでしょうか。

人と星の歴史

地球46億年の歴史を1年にたとえると、およそ400万年前の人類の誕生は12月31日の午後4時頃といわれています。残りの8時間の間に、宇宙の不思議に触れてきた人々の歴史が織り込まれています。

紀元前〜17世紀

天動説の時代

人が星々に興味を抱いたのは、暦作りがきっかけでした。裸眼で捉えた天体の動きから、宇宙の中心は地球である、天体は国家や人の運命を左右する、という考えが生まれます。

4000-3000 B.C. 頃	人類最初の時計、日時計の発明
2000 B.C	エジプトではシリウスを用いた太陽暦が始まる
8世紀 B.C. 頃	中国星座28宿が成立
600 B.C. 頃	日食と月食が18年11日周期でほぼ同じ状況で起こる「サロス周期」をカルデア人が発見
548 B.C.	哲学者タレスの弟子、アナクシマンドロスが黄道傾斜を発見
5世紀 B.C. 頃	天文学に長けたカルデア人が黄道12星座を制定 ピタゴラスが「宵の明星」と「明けの明星」が同じ惑星（金星）だと発見。「アフロディーテ」と命名する
270 B.C. 頃	エラトステネスが太陽視差から地球全周を4万5000kmと測定
150 B.C. 頃	ヒッパルコスが歳差現象を発見。地球から月までの距離と1年の長さを極めて正確に算出する
46 B.C.	カエサルが1年＝365.25日としたユリウス暦を制定
150頃	プトレマイオスがヒッパルコスによる星の目録をもとに『アルマゲスト』を刊行
604	推古天皇が暦を作成、頒布する
675	天武天皇が飛鳥の里（現・奈良県明日香村）に初の官立占星台を興す。国家の命運には天の意思が関わる、という思想のもと天文観測や暦作成を行う「陰陽寮」を組織、定期的な観測が始まる
1054	藤原定家の『明月記』に「客星」とかすかに星雲の超新星爆発の記述
1420	ウルグ・ベクが現ウズベキスタンにサマルカンド天文台を建設
1543	コペルニクスが著書『天体（球）回転論』で地動説を提唱。本人の意思により死後に刊行されたがローマ教皇庁により一時閲覧停止の措置がとられた
1572	ティコ・ブラーエがカシオペヤ座に超新星を発見。「天は不変」というアリストテレスの世界観を揺るがす大事件となる
1582	ローマ教皇グレゴリウス13世がグレゴリオ暦を制定する
1603	ヨハン・バイエルが全天を包括した最初の近代星図『ウラノメトリア』を出版。プトレマイオスの星表に未収録の星も掲載、これらの星は後に「バイエル星座」と呼ばれる
1604	超新星がへびつかい座に出現。ケプラーの新星と命名。ガリレオは地動説の証明に利用しようと試みる
1608	眼鏡職人ハンス・リッペルハイ、屈折式望遠鏡を発明
1609-10	ガリレオが望遠鏡で月面模様、天の川の正体、太陽の自転などを観測
1609-19	ケプラーが惑星運動の法則を発表
1632	ガリレオ『天文対話』発表。コペルニクスの地動説を当時一般的だった天動説と対比しながら対話形式で表現。ベストセラーとなるもキリスト教会に危険視され禁書に
1637	デンマーク王クリスチャン4世、コペンハーゲン天文台を創設
1656	ホイヘンスが自作の望遠鏡で土星を観測。ガリレオの残した"耳状"ではなく環であることを発見
1668	ニュートンが凹面鏡を利用した反射望遠鏡の1号機を製作
1672	ルイ14世がパリ国立天文台を創設。初代台長はカッシーニ、建設は『長靴をはいた猫』のシャルル・ペローの兄、クロード・ペローが手掛ける。市民の関心を集め人気の観光地に
1675	航海の支援を目的にイギリスでグリニッジ天文台が創設される パリ国立天文台の初代台長カッシーニが土星の環に空隙を発見
1676	レーマーが木星の衛星イオの食を観測。光にも速さがあると考え、光速度の値を世界で初めて算出
1684	渋川春海（安井算哲）が初代幕府天文方に就任。朝廷が司る聖域、莫大な権利が絡む改暦という大事業へ抜擢
1687	ニュートンが『プリンキピア』出版。古典力学の基礎を築く

最終夜

人と星の道のり

1700	ドイツにベルリン天文台創設。観測所の設置は1711年

地球はどこにあるのか

18世紀〜19世紀

地動説が観測的に証明されると、天文学の対象は星雲や銀河も含むようになります。宇宙に果てはあるのか、謎はさらに膨らんでいきました。

1705	エドモンド・ハレーがハレー彗星の周期を発見
1728	ブラッドリーが年周光行差を発見、地動説を支持する最初の直接証拠となる
1755	カントが島宇宙説と太陽系の星雲起源説を提唱
1764	メシエが亜鈴状星雲 M27 を発見。惑星状星雲の発見は世界初
1774	蘭学者・本木良永が『天地二球用法』を著し地動説を紹介、中国を師として発達した日本の天文学は独立の一歩を踏む
1781	音楽教師から天文学者へ転向したハーシェル、天王星を発見
1781-84	"彗星発見の名手"と呼ばれたメシエが、彗星と紛らわしい天体（彗星状にも見える星雲・星団等）の位置を記録し『メシエカタログ』として刊行
1785	ハーシェルが宇宙（銀河系）の形と大きさについてモデル図を発表
1800	江戸幕府の天文方・高橋至時に師事し、天体観測から地球の大きさを推測した伊能忠敬が全国測量の旅に出る
1801	パレルモ天文台のピアジが小惑星ケレスを発見
1802	ハーシェルが二重星と連星を区別し、連星の概念を導入
1807	ドイツの開業医オルバースが小惑星ベスタを発見
1833	北米でしし座流星群を観測、本格的な研究が始まる
1838-39	ベッセルがはくちょう座61番星で初めて年周視差を測定
1846	ルベリエの軌道予測に従ってガルレが海王星を発見
1851	フーコーが振り子の実験により地球の自転を証明
1859	キャリントンが太陽フレアの観測に成功
1866	スキアパレリが彗星と流星との関係を解明
1868	明治維新により天文方が廃止。天文暦道の権限は文部省の天文暦道局に移される
	皆既日食の観測中にロッキヤーらが太陽のスペクトルからヘリウムを発見、「太陽神（Helios）」にちなみ命名する
1873	日本で太陽太陰暦（天保暦）が廃され太陽暦（グ

レゴリオ暦）が施行される

1874	金星の太陽面通過に際して米、仏、メキシコからの観測隊が来日、各国の観測技術を学ぶ
1884	国際子午線会議でグリニッジ天文台における時刻が世界の標準時に決定される
1888	麻布飯倉の旧海軍観象台の地に東京天文台が誕生
	ハーバード大学天文台、オリオン座の馬頭星雲を発見
1890	ヴォーゲルらが天体の視線速度（ドップラー効果）を測定
1894	ローウェルが私財を投じて米国アリゾナに天文台を創設
1895	レントゲンが真空放電の実験中に X 線を発見
1900	フランス南部のリヨンでアントワーヌ・ド・サン＝テグジュペリ誕生。5人兄弟の長男。小学生の頃から飛行機乗りに憧れる
	東京天文台内で知識交換のため「天文学談話会」が始まる。平山信が2個の小惑星を発見、「Tokio」「Nipponia」と命名。初めて小惑星に日本にちなんだ名が付いた

宇宙との格闘

20世紀〜

電波、赤外線、X線、ガンマ線などさまざまな波長の望遠鏡が星の進化や宇宙の構造を明らかにするのと並行して、量子力学や相対性理論によって宇宙論が発展。米ソを中心に宇宙開発のレースが始まります。

1902	木村栄が緯度変化の研究を行い、Z項を発見。日本の天文学が次第に注目を集め始める
1905	アインシュタインが特殊相対性理論を提唱
1908	帝国大学星学科と東京天文台の研究者ら十数名により日本天文学会が発足。アマチュア天文家も準会員とし、第1回の定会で会員総数は650名に達した。『天文月報』創刊
1911-12	ヘスが気球に電離箱を乗せた実験により宇宙線を発見
1912	天文学と気象学の講師だったヴェゲナーがドイツ地質学会で大陸移動説を発表。受け入れられないまま1930年グリーンランド探検中に遭難、行方不明となる
1915	アインシュタインが一般相対性理論を提唱
1916	アダムスが分光視差を考案
1918	平山清次が複数の小惑星は同じ母惑星から生まれた集まりとして「族」の考えを提唱
1919	国際天文学連合（IAU）設立。恒星、惑星等の天体に対する命名権を取り扱う。

最終夜

人と星の道のり

1923	世界初のプラネタリウムがドイツで誕生、4500個の恒星と5つの惑星の運行を再現。人々を星の世界に誘う
1924	ハッブルがアンドロメダ銀河のセファイド変光星の観測から距離を求める
1928-30	国際天文学連合が88星座とその境界を確定
1929	ハッブルが銀河の距離を割り出し、宇宙が膨張していることを発見
1930	ローウェル天文台のトンボーが冥王星を発見
1931	ジャンスキーが宇宙電波を発見、電波天文学が始まる
1937	日本最初のプラネタリウムが大阪市立電気科学館に誕生
1938	東京に国内2番目のプラネタリウム、東日天文館開館
1938-39	ベーテらが太陽の熱源は水素の核融合反応だと発見。恒星の内部構造と進化の理論の発展につながる
1943	『星の王子さま』がアメリカのレイナル＆ヒッチコック社から刊行
1944	サン＝テグジュペリ、フランス内陸部を写真偵察を行うため出撃、地中海上空で行方不明となる
1946	ジョージ・ガモフがビッグバン理論を提唱
1955	糸川英夫が23cmのペンシルロケットの発射実験を行う
1957	世界初の人工衛星スプートニク1号（ソ連）打ち上げ
	モスクワの通りで拾われた犬"ライカ（クドリャフカ）"がスプートニク2号に乗り宇宙へ。打ち上げ後数時間で死亡。40年後、モスクワ郊外の航空宇宙医学研究所にライカの記念碑が建つ
	「戦後の東京にプラネタリウムを」という願いから、渋谷に天文博物館五島プラネタリウムが開館
1958	NASA（アメリカ航空宇宙局）発足
	大阪の科学大博覧会でプラネタリウムが大人気。延べ23万人を動員
1959	初の月探査機ルナ1号（ソ連）、月まで6000kmに接近
	エクスプローラー6号（米）打ち上げ、宇宙から地球を撮影した最初の人工衛星となる
	ルナ2号（ソ連）打ち上げ、月面に到達した最初の探査機になる
1960	アメリカ国立電波天文台が地球外知的生命体探査を目的としたオズマ計画を実施
	岡山天体物理観測所に188cm反射望遠鏡が完成
	スプートニク5号（ソ連）打ち上げ。搭載した犬ベルカとストレルカも帰還。地球軌道から生還した初の大型動物となる

1961	ガガーリンが人類初の有人宇宙飛行に成功
	サンデイジらがクエーサー（準恒星状電波源）を発見
	米国大統領ジョン・F・ケネディが月着陸計画を宣言
	林忠四郎が星の誕生後主系列に到達するまでの段階を示した"林フェイズ"を発表
1962	ジャッコーニらがX線星を発見
	米国初の惑星探査機マリナー1号が打ち上げ直後に事故
	ソ連の有人宇宙船ボストーク3号打ち上げ、米マリナー2号打ち上げ（ともに8月）
	火星探査機マース1号（ソ連）打ち上げ
1963	火星探査機マース1号（ソ連）が火星に接近
1965	ベネラ3号（ソ連）が金星の地表に到達
	ベル電話研究所の職員ペンジアスとウィルソンが宇宙マイクロ波背景放射（CMB）を発見
1966	無人月探査機ルナ9号（ソ連）が月面軟着陸に成功
1967	アポロ1号（米）が地上訓練中に火災事故でクルー3名死亡
	ベルがパルサー（中性子星）を発見
1968	アポロ8号（米）が人類初の月周回に成功し帰還
	タウンズが星間分子を発見
1969	アポロ11号（米）、人類初の月面到達
	日本で宇宙開発事業団（NASDA）が発足
1970	日本初の人工衛星おおすみ打ち上げ
	酸素タンクが爆発を起こしたアポロ13号が奇跡の生還
	世界初のX線天文衛星ウフル（米）打ち上げ
1971-72	小田稔らがブラックホール候補（CygX-1）を同定
1973	ガンマ線バーストの発見
1975	米ソ初の合同ミッション、アポロとソユーズがドッキング
	ヨーロッパ宇宙機構（ESA, European Space Agency）設立
1978-86	宇宙の大規模構造を発見
1979	ハワイ・マウナケア山頂に赤外線望遠鏡（3.8m）完成
1981	スペースシャトル第1回ミッション、コロンビア打ち上げ
	佐藤勝彦、グースがインフレーション宇宙論を提唱
1982	野辺山宇宙電波観測所に45m電波望遠鏡が完成
1983	X線天文衛星てんま打ち上げ

	ニュートリノを観測するためのカミオカンデが完成
1987	小柴昌俊他カミオカンデ・グループが大マゼラン雲の超新星爆発（SN 1987A）に伴うニュートリノを世界で初めて検出
	X線天文衛星ぎんが打ち上げ
1988	大学共同利用機関として国立天文台発足
1989	宇宙マイクロ波背景放射探査衛星COBE（米）打ち上げ

第2の地球を探して

地球外生命の発見を目指す惑星探査計画が本格化する一方で、宇宙の加速膨張の謎を解く鍵として、ダークマター、ダークエネルギー等の正体解明の日が近づいています。

1990	ハッブル宇宙望遠鏡の打ち上げ
1992	宇宙マイクロ波背景放射のゆらぎをCOBE衛星チームが発見
	ジュイットとルーが太陽系外縁天体（エッジワース・カイパーベルト天体）を発見
1993	オデルらが原始惑星系円盤を直接観測
1994	シューメーカー・レビー第9彗星が木星に衝突
1995	スペースシャトルとミールのランデブー実験
	恒星の周りを公転する太陽系外惑星をドップラー法により発見
	スーパーカミオカンデ完成
1996	国際宇宙ステーション建設開始
	無人火星探査機マーズ・グローバル・サーベイヤー、マーズ・パスファインダーがそれぞれ打ち上げ
1997	日本初の火星探査機のぞみ打ち上げ
	ゲッツら、銀河系中心にブラックホールが存在する証拠を発見
1998-99	SCPチーム、HizSSチームらが宇宙の加速膨張を発見
1999	中国の人工衛星神舟1号打ち上げ
	すばる望遠鏡運用開始
	トランジット法により太陽系外惑星を検出
2001	NASAのマイクロ波観測衛星WMAP打ち上げ
	H-ⅡAロケット1号機の打ち上げに成功
2003	スペースシャトルコロンビア空中分解、クルー7名死亡
	火星探査機オポチュニティ打ち上げ
	宇宙科学研究所など3機関がJAXAへ統合
2004	探査機カッシーニが土星に到達
	水星探査機メッセンジャー打ち上げ、2011年3月水星周回軌道に乗る

2005	探査機カッシーニが分離したホイヘンスがタイタン着陸
	小惑星探査機はやぶさが小惑星イトカワに接触
	X線天文衛星すざく打ち上げ
2006	国際天文学連合総会で惑星の定義と太陽系諸天体の種族名称を採択。これにより冥王星が惑星から準惑星となる
	太陽観測衛星ひので、赤外線天文衛星あかり打ち上げ
2007	月探査機かぐや打ち上げ
	火星〜木星の軌道間にある小惑星帯を目指し探査機ドーン打ち上げ（NASA）
2008	インドの月探査機チャンドラヤーン1号から分離されたMIPが月面着地に成功
2008-09	太陽系外惑星の直接撮像に成功
2009	太陽系外惑星探査機ケプラー打ち上げ（NASA）
	国際宇宙ステーションで日本の実験棟きぼう完成。HTVの一号機がISSとのドッキングに成功
2010	金星探査機あかつき打ち上げ
2011	太陽100億個分のブラックホールが別々の銀河に見つかる
	探査機ドーンが約4年の旅を終えて小惑星ベスタに到着
2012	火星探査車キュリオシティ着陸（NASA）
2013	JAXA、次期X線天文衛星ASTRO-H打ち上げ。「ひとみ」と命名されるが制御不能となる
2014	2004年欧州宇宙機関（ESA）が打ち上げた彗星探査機ロゼッタ、チュリュモフ・ゲラシメンコ彗星に到着。小型探査機フィラエを着陸させた
	小惑星探査機はやぶさ2打ち上げ、2018年小惑星リュウグウに軟着陸、2020年地球に帰還
2015	2006年にNASAが打ち上げたニュー・ホライズンズが冥王星に接近し、詳細な画像を取得
	重力波の初検出
2016	2011年にNASAが打ち上げたジュノーが木星の極軌道周回に成功
2018	ESAとJAXAの共同ミッションで水星探査計画ベピ・コロンボ打ち上げ
2019	ブラックホール光子球の撮影成功
2021	NASAの火星探査車パーサビアランス着陸
	ハッブル宇宙望遠鏡の後継機、ジェームズ・ウェブ宇宙望遠鏡打ち上げ予定

最終夜

人と星の道のり

START

Q1　子どもの頃に得意だったのは

a. 虫捕りや花摘み

b. おままごと等のごっこ遊び

Q6　サン＝テグジュペリの作品、好きなのは（読んでみたいのは）

a. 人間の尊厳を問い、占領軍から禁書処分にされた『戦う操縦士』

b. 飛行機から見た地球の姿、砂漠の魅力等にも触れた『人間の土地』

Q11　太陽系で訪れるなら

a. 月の裏側

b. 土星の環

Q2　かなしい気持ちになったら…

a. 入り日を眺める

b. 一番星を見つける

Q7　詳しくなりたいのは

a. 最新の宇宙論

b. 四季の星空の位置

Q12　生きていたら会いたかったのは

a. 星の等級を決めた古代ギリシャのヒッパルコス

b. 日本独自の暦「貞享暦」を作った渋川春海

Q3　自分に近いと思うのは

a. 他の人は皆、自分に感心している、と思ううぬぼれ男

b. 星を自分のものにしようと考える実業家

Q8　より関心を抱いているのは

a. 恐竜はなぜ絶滅したのか

b. 探査機ボイジャー2号はどこまで行くのか

Q13　地球の魅力と言えば

a. 四季があるところ

b. 海があるところ

Q4　機会があればやってみたいのは

a. 7日に1度、活火山のすす払いをする

b. 毎日、気難し屋のバラに水をやる

Q9　UFOを

a. 見たことがある

b. 見たことがない

Q14　覗いてみたいのは

a. ニュートンの反射望遠鏡

b. ガリレオの屈折望遠鏡

Q5　見てみたいのは

a. 星が生まれるところ

b. 星の一生が終わるところ

Q10　王子さまの星の魅力は…

a. 小さな活火山で朝食を温められること

b. 1日に44度入り日を眺められること

Q15　命名するなら

a. 水星のクレーターに芸術家の名前をつける

b. カイパーベルト天体に神話の創世神の名前をつける

最終夜

人と星の道のり

「星がみんな友だちになる」のはすぐには難しくても、一つ好きな天体が見つかると、世界が広がります。地上にある、そんな接点への水先案内です。好きな方向へお進みください。

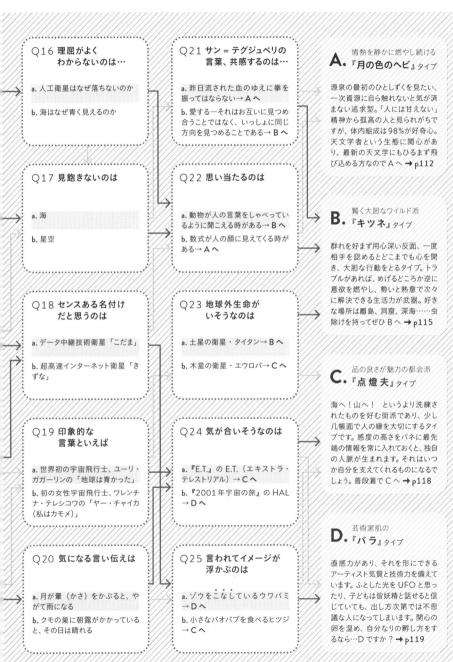

Q16 理屈がよく わからないのは…

a. 人工衛星はなぜ落ちないのか

b. 海はなぜ青く見えるのか

Q17 見飽きないのは

a. 海

b. 星空

Q18 センスある名付け だと思うのは

a. データ中継技術衛星「こだま」

b. 超高速インターネット衛星「きずな」

Q19 印象的な 言葉といえば

a. 世界初の宇宙飛行士、ユーリ・ガガーリンの「地球は青かった」

b. 初の女性宇宙飛行士、ワレンチナ・テレシコワの「ヤー・チャイカ（私はカモメ）」

Q20 気になる言い伝えは

a. 月が暈（かさ）をかぶると、やがて雨になる

b. クモの巣に朝露がかかっていると、その日は晴れる

Q21 サン＝テグジュペリの 言葉、共感するのは…

a. 昨日流された血のゆえに拳を振ってはならない→Aへ

b. 愛する―それはお互いに見つめ合うことではなく、いっしょに同じ方向を見つめることである→Bへ

Q22 思い当たるのは

a. 動物が人の言葉をしゃべっているように聞こえる時がある→Bへ

b. 数式が人の顔に見えてくる時がある→Aへ

Q23 地球外生命が いそうなのは

a. 土星の衛星・タイタン→Bへ

b. 木星の衛星・エウロパ→Cへ

Q24 気が合いそうなのは

a. 『E.T.』のE.T.（エキストラ・テレストリアル）→Cへ

b. 『2001年宇宙の旅』のHAL→Dへ

Q25 言われてイメージが 浮かぶのは

a. ゾウをこなしているウワバミ→Dへ

b. 小さなバオバブを食べるヒツジ→Cへ

情熱を静かに燃やし続ける
A.『月の色のヘビ』タイプ

源泉の最初のひとしずくを見たい、一次資源に自ら触れないと気が済まない追求型。「人には甘えない」精神から孤高の人と見られがちですが、体内組成は98％が好奇心。天文学者という生態に関心があり、最新の天文学にもひるまず飛び込める方なのでAへ→p112

賢く大胆なワイルド派
B.『キツネ』タイプ

群れを好まず用心深い反面、一度相手を認めるとどこまでも心を開き、大胆な行動をとるタイプ。トラブルがあれば、めげるどころか逆に意欲を燃やし、勢いと熱意で次々に解決できる生活力が武器。好きな場所は離島、洞窟、深海……虫除けを持ってぜひBへ→p115

品の良さが魅力の都会派
C.『点燈夫』タイプ

海へ！山へ！ というより洗練されたものを好む街派であり、少し几帳面で人の縁を大切にするタイプです。感度の高さをバネに最先端の情報を常に入れておくと、独自の人脈が生まれます。それはいつか自分を支えてくれるものになるでしょう。普段着でCへ→p118

芸術家肌の
D.『バラ』タイプ

直感力があり、それを形にできるアーティスト気質と技術力を備えています。ふとした光をUFOと思ったり、子どもは皆妖精と話せると信じていても、出し方次第では不思議な人になってしまいます。関心の卵を温め、自分なりの孵し方をするなら…Dですか？→p119

最終夜

人と星の道のり

A.

日本の天文学研究機関
国立天文台を知る

「占星台を作る」という674年の『日本書紀』に残された記述が、日本最古の天文台の記録とされています。幾星霜を経て、発見と軌道修正を重ね、多くの知見をもたらした日本の天文学のナショナルセンターを概観します。

正式名称は「大学共同利用機関法人 自然科学研究機構 国立天文台」。すばる望遠鏡やスーパーコンピュータなど、観測と理論の両面から天文学と関連分野の発展のために活動しています。日本の天文学の黎明期に活躍した観測施設の展示や、最先端の研究成果を紹介する特別公開も行われています。一度足を運んでみると、壮大な宇宙に人がどのように挑んできたのかを知る一助になるかと思います。

❻ 京都大学岡山天文台

2018年に東アジア最大の口径3.8m「せいめい望遠鏡」が完成し、国立天文台岡山天体物理観測所は京都大学岡山天文台に。1960年から研究第一線で活躍してきた188cm望遠鏡（※こちらは国立天文台ハワイ観測所岡山分室が運用）も現役で活躍中。

❼ 水沢 VLBI 観測所 山口局

山口大学との共同研究で直径32mの電波望遠鏡を用いた電波天文学の観測的研究を進めている。

❾ 石垣島天文台／水沢 VLBI 観測所 VERA 石垣島局

"むりかぶし"の愛称で慕われる口径105cmの反射望遠鏡を備える。緯度が低く黄道が高い地理的条件を生かし、太陽系天体や突発天体の観測的研究の他、天体観望会等による天文学の広報普及を熱心に行う。

❽ 水沢 VLBI 観測所 VERA 入来局

鹿児島大学内にある。大学が持つ1m光赤外線望遠鏡とともに、連携して電波観測と光学観測を併せた特色ある研究を進めている。

❶ 国立天文台水沢

水沢 VLBI 観測所は旧緯度観測所として歴史があり、位置天文学・測地学の研究が盛ん。日本の標準時を決める天文保持室がある。月探査衛星「かぐや（SELENE）」による月の測地学的研究を行った RISE 月惑星探査プロジェクトの拠点でもある。

❷ 水沢 VLBI 観測所 茨城局

VERA、大学連携 VLBI、東アジア VLBI 等の電波望遠鏡と共同観測を行い、太陽の 8 倍以上の星の誕生や、活動的銀河中心核の仕組みの解明に取り組んでいる。茨城大学とともにアンテナを電波望遠鏡に改造する作業を行う。

❺ 国立天文台野辺山

日本の電波天文学を世界のトップレベルにした野辺山宇宙電波観測所。ミリ波で世界最大級の 45m 電波望遠鏡では新たな星間分子の発見など画期的な成果を挙げている。チリの ASTE（アステ）望遠鏡は野辺山から遠隔操作を行い運用している。

❸ 国立天文台三鷹（本部）

国立天文台の本部が置かれ、科学研究部、アルマプロジェクト、天文シミュレーションプロジェクト、TMT 推進室等が集まる。アストロバイオロジーセンターも 2015 年に設立。「国立天文台歴史館（大赤道儀室）」「第一赤道儀室」「6m ミリ波電波望遠鏡」など天文学史を知る上で貴重な施設も一般に公開されている。

⓬ 重力波プロジェクト 神岡分室

重力波検出器「KAGRA」が完成、2020 年から観測が始まった。東京大学宇宙線研究所、高エネルギー加速器研究機構他と共同運用中。

❹ 水沢 VLBI 観測所 VERA 小笠原局

銀河系の 3 次元地図を作成する VERA 観測局の一つ。父島観光のツアーでも人気が高く、口径 20m の電波望遠鏡アンテナがライトアップされた姿は「オレンジベベ」の愛称で親しまれている。

❿ ハワイ観測所

標高 4200m のマウナケア山頂にある口径 8.2m の可視光・赤外線望遠鏡「すばる望遠鏡」と研究・開発等を行う山麓施設（ヒロオフィス）からなる。観測研究の他、次世代の観測装置開発など広範囲の業務を行う。

⓫ チリ観測所

標高 5000m の高原にある巨大な電波望遠鏡群 ALMA（アタカマ大型ミリ波サブミリ波干渉計）を、東アジア・北米・欧州の各執行機関が合同で運用。

見学データ

国立天文台の見学できる施設を紹介します。
開館日時は必ず事前に確認の上、お出かけください。

---

❶ 国立天文台水沢

岩手県奥州市水沢区星が丘町2-12
☎0197-22-7111
http://www.miz.nao.ac.jp/

見学可。見どころは木村榮記念館。Z項を発見した木村榮初代所長の生涯と業績を学べる。キャンパス内には他にかつて緯度観測が行われた眼視天頂儀室、奥州宇宙遊学館などがある。

---

❸ 国立天文台三鷹（本部）

東京都三鷹市大沢2-21-1
☎0422-34-3688
http://www.nao.ac.jp/

口径20cmの屈折望遠鏡がある第一赤道儀室、太陽塔望遠鏡等、歴史的な建物が残るコース内は自由見学可。週末等は天文台歴史館の説明員が解説をしてくれる。定例観望会や4D2Uドームシアターの公開。

---

❺ 国立天文台野辺山

長野県南佐久郡南牧村野辺山462-2
☎0267-98-4300
http://www.nro.nao.ac.jp/

電波天文学の聖地。45m電波望遠鏡がある観測所構内の一部を公開。毎年夏に特別公開も行われている。

---

❻ 京都大学岡山天文台

岡山県浅口市鴨方町本庄3037-5
☎0865-47-0138（岡山天文博物館）
https://www.kwasan.kyoto-u.ac.jp/general/
facilities/okayama/

岡山天文博物館、国立天文台ハワイ観測所岡山分室と同じ敷地内に建つ。せいめい望遠鏡ドーム3階の外周に設置された回廊から窓越しに、東アジア最大の口径3.8m「せいめい望遠鏡」の見学ができる。

**❾ 石垣島天文台／水沢VLBI観測所
VERA石垣島局**

沖縄県石垣市新川1024-1
☎0980-88-0013
http://www.miz.nao.ac.jp/ishigaki/

反射式望遠鏡「むりかぶし」などの見学ができる他、週末を中心に夜の天体観望会を開催。美しい天の川が見られる。島内のVERA石垣島局も施設見学可。

---

❿ ハワイ観測所

Subaru Telescope 650 North A'ohoku Place,
Hilo HI 96720, U.S.A.
http://subarutelescope.org/j_index.html

現在は立ち入り制限されているが、すばる望遠鏡のあるハワイ島マウナケア山頂は、世界有数の星空観測のメッカとして認知されている。見学再開等の情報は国立天文台ハワイ観測所のHPで確認を。

B.

一つ好きな星を見つけに

天文台へ行こう

個々の星の色や質感に惹かれる人、星と星の関係性から物理に興味を抱く人、広大な宇宙を前に何だか寂しくなってしまう人……印象はそれぞれですが、本物がそこにある、という感覚は、やはり天文台ならではの魅力です。いつもは「点」でしかなかった星々は、どんな姿を見せてくれるでしょうか。

出かける前に…
1) 毎日観望会を行なう施設は少ないです。観望会目的の場合は、公開日時や予約の要不要を確認して出かけましょう。
   残念ですが雨天は中止の場合がほとんどです。
2) 観望会の多くは「今晩は土星」「次回はオリオン大星雲」というように見る天体が決まっています。
   希望する星ではなくとも、その天体についてより深い知識を得られるのも魅力です。
3) 写真集のようにはっきりは見えません。未確認の物体を発見することもなく、想定の範囲内かもしれませんが、
   その体験はきっと宝になると思います。
4) 日本国内には400施設もの公開天文台があり、今回はその一部をご紹介しています。
   お近くの天文台を探してお出かけください。

北海道

しょさんべつ天文台
北海道苫前郡初山別村字豊岬153-7　☎ 0164-67-2539

口径65cm 反射式天体望遠鏡を設置している。建物の形はアメリカのアポロ計画で使われた月着陸船がモデル。5.5等星より暗く、既に名前のある星以外を対象に、好きな名前を付けられるサービス「My Stars system」がある。

りくべつ宇宙地球科学館（銀河の森天文台）
北海道足寄郡陸別町宇遠別　☎ 0156-27-8100

115cm 反射望遠鏡を備える。名古屋大学陸別観測所と国立環境研究所の陸別成層圏総合観測室が併設され大気やオーロラ等の研究を行っている。

札幌市天文台
札幌市中央区中島公園1-17　☎ 011-511-9624

口径20cm の屈折望遠鏡を備えており、昼間公開として10～16時まで太陽観望を行っている。夜間公開では季節の星座の星や月、惑星等を見ることができる。無料。

東北

仙台市天文台
仙台市青葉区錦ケ丘9-29-32　☎ 022-391-1300

これまでに21個の小惑星を発見。2008年移転リニューアルオープン後、国内屈指の大きさを誇る口径1.3m「ひとみ望遠鏡」で超新星や新星も発見した。プラネタリウムを併設。

星の村天文台
福島県田村市滝根町大字神俣字糠塚60-1　☎ 0247-78-3638

高さ16m の3階建。コンピュータ連動の口径65cm 反射式天体望遠鏡は、昼でも太陽を観測できる特殊フィルターを内蔵している。プラネタリウム館を併設。

関東

群馬県立ぐんま天文台
群馬県吾妻郡高山村中山6860-86　☎ 0279-70-5300

太陽望遠鏡スペースでは直径約1mの直接投影像や太陽スペクトル（虹）、Hα像等が観察できる。土日祝日は口径150cmと65cm の反射望遠鏡等で天体観望ができる。

わくわくグランディ科学ランド
栃木県宇都宮市西川田町567　☎ 028-659-5555

口径75cm 反射望遠鏡をはじめ数種の屈折望遠鏡等を設置。月に数回、星をみる会、天文台公開、天文教室を実施。晴天時には太陽のプロミネンスや黒点の観察、昼間に見える星の観察も。

さいたま市青少年宇宙科学館
埼玉県さいたま市浦和区駒場2-3-45　☎ 048-881-1515

プラネタリウムは直径23m のドームスクリーンに満天の星と全天周デジタル映像を融合させた感動の空間を演出。時期や来館者の年齢層に合わせて個性溢れる解説を行っている。

葛飾区郷土と天文の博物館
東京都葛飾区白鳥3-25-1　☎ 03-3838-1101

週末には観望会「かつしか星空散歩」がある。25cm 屈折クーデ式望遠鏡でその日に見える天体を紹介。併設のプラネタリウムは2018年にリニューアルされた。

中　部

浜松市天文台
静岡県浜松市南区福島町242-1　☎ 053-425-9158

屋上には半球型のドームがあり、口径20cm の屈折望遠鏡を設置。図書室には天文学に関する専門書から子ども向けの図鑑、天文雑誌のバックナンバーも蔵書されている。

宇宙航空研究開発機構
臼田宇宙空間観測所
長野県佐久市上小田切大曲1831-6　☎ 0267-81-1230

深宇宙探査機に向けて指令を送信したり、観測データを受信する施設。展示棟の他、観測所の外には100億分の1 に縮小した太陽系の模型が配置され、歩きながら宇宙の旅が楽しめる。

うすだスタードーム
長野県佐久市臼田3113-1　☎ 0267-82-0200

東洋一の大パラボラアンテナを持つ臼田宇宙観測所のお膝元にある。コンピュータ制御による口径60cm の反射望遠鏡をはじめ、写真やビデオの撮影システムなどの設備を一般開放している。

東京大学大学院理学系研究科附属
天文学教育研究センター 木曽観測所
長野県木曽郡木曽町三岳10762-30　☎ 0264-52-3360

山と森に囲まれた観測所には105cm のシュミット望遠鏡などの研究施設が整い、最先端の天文学研究が行われている。普段は外側からの見学だが、毎年8月の特別公開では特別観望会を開催。

名古屋市科学館
愛知県名古屋市中区栄2-17-1　☎ 052-201-4486

世界最大のドーム径を持つプラネタリウムでは、学芸員の生解説で、季節の星空やさまざまな天文の話題を学ぶことができる。口径80cm の大望遠鏡や太陽望遠鏡、天文の展示も充実。

岐阜天文台
岐阜県岐阜市柳津町高桑西3-75　☎ 058-279-1353

財団法人岐阜天文台が運営する民間の天文台で、毎月数回天文教室や観望会を行っている。

西美濃天文台
岐阜県揖斐郡揖斐川町鶴見（藤橋城横）
☎ 0585-52-2611（藤代城）

藤橋城・西美濃プラネタリウムと隣接する町営天文台。口径60cm の反射望遠鏡で、満天の星空を観察できる。太陽望遠鏡で撮影した画像を藤橋城内で見ることができる。要事前予約。

関　西

京都大学大学院理学研究科附属 花山天文台
京都市山科区北花山大峰町　☎ 075-581-1235

京都大学理学部の学生・大学院生の研究教育施設。東京大学附属の東京天文台（現・国立天文台）と並び、日本における天文学研究の拠点だった。一般公開は毎秋に一度開催。

綾部市天文館パオ
京都府綾部市里町久田21-8　☎ 0773-42-8080

口径95cm の反射望遠鏡をはじめ、150インチ大画面ハイビジョンでの映像、天文学や望遠鏡の歴史、黄道12星座といった各種展示設備を備えている。

京都産業大学神山天文台
京都府京都市北区上賀茂本山　☎ 075-705-3001

口径1.3m の大型望遠鏡と観測装置等を設置し、一般の方にも施設を公開し、天体観望会や天文講座等を実施している。（公開日等の詳細はHP に掲載）

ソフィア・堺

大阪府堺市中区深井清水町1426
☎ 072-270-8110（中文化会館）

6階にある天文台には大阪で最大級の口径60cmの反射望遠鏡を設置。週1回ペースで行っている天体観察会では、この望遠鏡の他、屈折望遠鏡や双眼鏡を用いて月や惑星・星団などを観察する。プラネタリウムも併設。

明石市立天文科学館

兵庫県明石市人丸町2-6　☎ 078-919-5000

口径40cmの反射式天体望遠鏡は月1回の天体観望会で公開するほか、プラネタリウムも人気がある。恒星原版レプリカ、学習用星図などのオリジナルグッズが充実。

にしわき経緯度地球科学館「テラ・ドーム」

兵庫県西脇市上比延町334-2　☎ 0795-23-2772

口径81cm反射望遠鏡を設置しており、毎時0分からの昼の公開では明るい恒星や太陽を見ることができる。土曜と休前日の夜の観望会では惑星や星団、銀河なども見られる。要予約。

兵庫県立大学西はりま天文台

兵庫県佐用郡佐用町西河内407-2　☎ 0790-82-3886

口径2mを誇る日本国内最大の望遠鏡で、一般観望できるものでは世界最大級。観望会は、平日は併設の宿泊施設の利用者が対象。土日は一般も参加可。

みさと天文台

和歌山県海草郡紀美野町松ヶ峯180　☎ 073-498-0305

紀美野町にある町立天文台で愛称は「星の動物園」。口径105cmカセグレン式反射望遠鏡による観望会や天文教室などの催しも行っている。

中国・四国

鳥取市さじアストロパーク・佐治天文台

鳥取県鳥取市佐治町高山1071-1　☎ 0858-89-1011

口径103cm反射望遠鏡、プラネタリウム、望遠鏡付き宿泊施設等がある国内有数の公開天文台。星まつりや月まつり等のイベントや夜間観望会が実施されている。

日原天文台
にちはら

島根県鹿足郡津和野町枕瀬806-1　☎ 0856-74-1646

口径75cm反射望遠鏡併設の星と森の科学館では、地球の大気と太陽系の惑星について学習でき、天文資料館もある。

美星天文台
びせい

岡山県井原市美星町大倉1723-70　☎ 0866-87-4222

口径101cm、岡山県下最大級の一般公開用望遠鏡で観望会を行う。図書室やミュージアムショップを併設。

岡山天文博物館

岡山県浅口市鴨方町本庄3037-5　☎ 0865-44-2465

隣接する京都大学岡山天文台や国立天文台ハワイ観測所岡山分室の見学も可能。プラネタリウム室、4D2Uシアター、太陽観測室、展示室等からなる。

阿南市科学センター

徳島県阿南市那賀川町上福井南川渕8-1　☎ 0884-42-1600

四国最大の口径113cm大型天体望遠鏡を備える。通常は夜間の天体観望会を行い、昼間は地域の学校等の理科学習の場として使われている。

九州・沖縄

長崎市科学館スターシップ（長崎市科学館）

長崎市油木町7-27　☎ 095-842-0505

太陽の黒点など昼間は毎日、夜は不定期で観望会を開催。プラネタリウムも人気がある。

たちばな天文台

宮崎県都城市高崎町大牟田1461-22　☎ 0986-62-4936

観測室に口径40cmの大型望遠鏡、ドームには口径50cmのカセグレン、20cmの屈折望遠鏡を備える。昼も太陽の黒点などの観望ができる。

波照間島星空観測タワー

沖縄県八重山郡竹富町波照間3905-1　☎ 0980-85-8112

八重山諸島の波照間島にある日本最南端の公開天文台。民家や街灯の無い水平線が見える海岸線に位置し、南十字星をはじめ日本で一番星が見えるとも言われる。夏場には美しい天の川が観測できる。口径20cm屈折式望遠鏡及びプラネタリウムを併設。

C.

不思議が多いほど幸せ
科学館は楽しい

光とは？　宇宙にも天気がある？　ケプラーってどんな人……なにか1つ知りたいことを持って足を運ぶと、資料展示や映像、サイエンスコミュニケーターの解説などさまざまな基礎知識を得て、芋づる式の発見があるのも科学館の魅力。子どもの頃のように、知らないことを素直に聞ける幸せがここにあります。

 旭川市科学館・サイパル

「北国」「地球」「宇宙」が展示の中心テーマ。月の満ち欠けなど身近な原理から広大な宇宙の様子までを学べるほか、ドーム直径18mのプラネタリウム、口径65cmの反射大型望遠鏡と口径20cm屈折望遠鏡も自慢。

北海道旭川市宮前1条3-3-22
☎ 0166-31-3186

 郡山市ふれあい科学館

ギネスブック認定、世界一地上から高い所にあるプラネタリウムや「ムーンジャンプ」等宇宙に関する体験施設が充実。プラネタリウムの生解説やサイエンスショーなど、ふれあいを意識したメニューが特徴。

福島県郡山市駅前2-11-1
☎ 024-936-0201

 つくばエキスポセンター

屋外展示場のH-Ⅱロケット（実物大模型）が目印。世界最大級のプラネタリウムでは、満天の星と迫力の宇宙空間が広がる。ドーム径25.6m、232席。

茨城県つくば市吾妻2-9
☎ 029-858-1100

 日本科学未来館

シンボル展示は宇宙空間に輝く地球の姿をリアルに映し出す直径約6mの地球ディスプレイ、ジオ・コスモス。その他、宇宙居住棟やプラネタリウム上映のあるドームシアターガイアなどの人気も高い。

東京都江東区青海3-6
☎ 03-3570-9151

 多摩六都科学館

5つの体験型展示室のほか、プラネタリウムはドーム径27.5m、234席。世界最多1億4000万個の恒星を投影。リアルな星空を楽しめる。公式HPでは毎月の星空ガイドなど情報も充実。観望会も開催している。

東京都西東京市芝久保町5-10-64
☎ 042-469-6100

 ライフパーク倉敷科学センター

中国地方最大級、ドーム直径21mの宇宙劇場ではプラネタリウムと迫力の全天周映画を上映。屋上に天体観測室が設けられ、公式HPで天文現象や観望会などの情報発信を熱心に行っている。

岡山県倉敷市福田町古新田940
☎ 086-454-0300

 佐賀県立宇宙科学館

「宇宙トレーナー」「ムーンウォーク」など、体験型を中心とした楽しい展示が約130点。天文台では昼間の「青空天文台」、土曜の夜は「天体観望会」（晴天時）を開催。プラネタリウムもある。

佐賀県武雄市武雄町永島16351
☎ 0954-20-1666

 種子島宇宙センター宇宙科学技術館

種子島宇宙センターに併設し、宇宙開発における各分野の展示がある。ガイドの案内付で各施設を見学する施設案内ツアー（予約制）を開催。ロケット打上げの現場を知ることができる。

鹿児島県南種子町茎永麻津 種子島宇宙センター内
☎ 0997-26-9244

プラネタリウム館は全国に350館以上あります。お近くの科学館、プラネタリウムを探してお出かけ下さい。全国の天文台や科学館、プラネタリウムの情報は、以下のURLが参考になります。 **パオナビ** http://www.astroarts.co.jp/hoshinavi/pao/

最終夜

人と星の道のり

D.

星空を記録する
天体写真はじめの一歩

│ **目標** │ オリオン座を写す

デジタル式カメラの普及によって、天体写真も気軽に楽しめるようになりました。携帯電話やスマートフォンでも月ならそのまま写りますが、サイズが小さいので、できれば望遠鏡で拡大して撮影したいところ。

公開天文台で行われる最近の観望会では、お客さんが溢れていなければ、月や惑星等の対象が明るいものなら手持ちのカメラで撮影をどうぞ、というケースもあります。まずは出かけてみてください。

ただし、望遠鏡を用いても月や惑星以外は通常のカメラで写すのは難しいことでしょう。星雲や銀河など暗い天体の場合、p54～63にあるような天体写真を写すには、天体観測用の冷却 CCD カメラという特殊なカメラを望遠鏡に取り付けて撮影しているのです。

そんな中でも、デジタル一眼レフがあれば、比較的簡単に星座や天の川、流れ星、彗星などを撮影することができます。ここでは、デジカメを使った簡単な撮影方法を紹介します。

最終夜

人と星の道のり

必要な機材と道具

★ デジタル一眼レフカメラ
★ 三脚（安定感のあるものが望ましい）
★ 赤セロハンで覆った懐中電灯
　（光が強いと星が見えにくいためセロハンで光を弱める）

★ 季節によっては十分な防寒具
★ 虫よけスプレー
★ 結露防止用のカイロなど

どこで撮るの？

街灯や車のヘッドライトが直接レンズに入らない場所、なるべく安全で空の暗い場所を見つけましょう。
山や高原、キャンプ地などの旅行先はもちろんですが、ご自宅の周りにも意外に穴場があるかもしれません。
もし、車や電車で移動できるのでしたら、満天の星々の下での撮影をおすすめします。
恋人や友だち、家族と出かけましょう。

1. 三脚にカメラをしっかりと固定し、
   ファインダー越しに目的の星座を入れて構図を決めましょう。
   ファインダーで星がよく見えない場合は、
   短い時間でテスト撮影して構図を確認するとよいでしょう。

2. レンズの焦点距離は「無限遠」に合わせます。
   感度は高感度のほうが短時間で星が写りますが、
   空がザラザラとした感じになりますので、
   ISO800から3200程度で試し撮りをして、
   最も写り具合のよいものを選びましょう。
   周辺で星像が歪まないように、レンズの絞りは
   2、3段階絞っておくときれいな仕上がりになります。

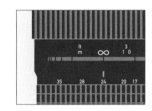

3. 星を線状に写したい時は、絞っておいて数秒から数分間の露出をします。
   空が明るく飛んでしまわないように絞りとISO感度、露出時間を調整します。
   星を点像のままで写したい時は、レンズの焦点距離によって限界が違いますが、
   数秒以内の露出が限界です。
   試し撮りで露出時間、絞り、ISO感度を調整しながら
   点像で写る最長露出時間を見つけます。
   この時、必ずファインダー上で最大に撮影した像を拡大して、
   線状になっていないかを確認しましょう。

最終夜

人と星の道のり

きれいに撮るコツ

誰でも最初からうまく撮影できるわけではありません。
たくさんの失敗をすることが成功への秘訣ですが、以下の点に注意すると上達も早いでしょう。

✴ 準備は念入りに
昼間の明るいうちにカメラの使い方、三脚の使い方などを練習しておきましょう。

✴ 風対策、振動対策をしっかり
三脚をあまり伸ばさない。三脚に重石を結わえておくなどの工夫を。
周りを歩き回って露出中に三脚を蹴ってしまうケースや、
周りの人が間違って明かりをレンズに向けてしまうケースがよくあります。注意しましょう。

✴ 結露対策
夜露が付く時には、登山用のカイロやヒーターを用いてレンズを温めましょう。
ドライヤーで風を送る方法も。

天文用語メモ

講演会や科学館などで「あれ何だったかな？」「聞いたことないな」という言葉に出会ったら、このページを開いてみてください。頻繁に使われる基礎用語について解説します。

あ

天の川（Milky Way）

夜空を横断して見える光の帯。その正体は銀河系の中で渦巻のように存在する恒星の集団が、川のように流れて見えたもの。日本では特に夏によく見える。1610年、ガリレイにより天の川が星々の集まりであることが明らかにされた。

泡構造〈あわこうぞう〉

銀河や銀河団が泡の膜のように集中して分布する構造のこと。膜の部分に銀河があり、泡の中には銀河がほとんどない。泡構造は宇宙の大規模構造とも呼ばれている。

暗黒星雲

背後にある星の光を吸収し、シルエットとなって姿を見せるガスと塵からできた星雲で、オリオン座の馬頭星雲や南天のコールサックが有名。絶対温度は約10K（マイナス約260℃）と低い。夜空を見上げた時、天の川の中で黒く何もない部分があれば、それは暗黒星雲（暗黒帯）である。暗黒星雲の中では新しい星が次々と生まれていることが分かっている。

インフレーション宇宙論

宇宙の誕生直後からビッグバンの直前までの10の34乗分の1秒程度の間に急激な加速膨張をしたという仮説。1981年に宇宙物理学者の佐藤勝彦、米国のアラン・グースがそれぞれ個別に提唱した。このインフレーションによって宇宙には時間が流れ、空間が広がり始めたとされる。

宇宙ジェット（＝コズミックジェット）

大質量のブラックホールや原始星、コンパクト星といった重力天体を中心に、細く絞られたプラズマガスなどが噴出する現象。多くの場合は逆向きに二つのジェットが出ている。ブラックホールの周辺で見られるため、ブラックホールが存在する証拠として用いられる。

宇宙線

宇宙空間を高速で飛び交う放射線のことで、地球へも飛来し、大気中へ降り注いでいる。超新星爆発や太陽表面の爆発により発生した高エネルギーの粒子を一次宇宙線と呼ぶが、これは地球磁場の影響を受けるため、低緯度地方ほど宇宙空間へ跳ね返され、高緯度ほどたくさん入ってくる。オーロラが発生する原因となる。

宇宙の大規模構造

より遠くを観測できるようになるにつれ、宇宙は非常に大きな構造を持つことが明らかになった。恒星や銀河、銀河団は無秩序に分布するのではなく、何億光年にもわたって網の目状に広がり（泡構造）、巨大なネットワークを形成している。どれほど大きな構造かはまだ分かっていない。

宇宙マイクロ波背景放射
（CMB：cosmic microwave background）

初期の宇宙にみなぎっていた光はビッグバンから約38万年後、宇宙の温度が低下するに伴って直進できるようになった。この宇宙が透明になった瞬間（宇宙の晴れ上がり）の放射を指す。ビッグバン理論の最も有力な証拠。

宇宙論

宇宙の構造や起源、終末などを研究する学問。現代宇宙論では、主に素粒子物理学と原子核物理学の知見を用いて宇宙の初期を扱う素粒子論的宇宙論と、さまざまな観測装置を用いて遠方の宇宙を観測し、宇宙の構造や銀河、銀河団形成などを扱う観測的宇宙論に分けられる。

衛星

惑星や準惑星・小惑星の周りを、その引力によって公転している天体のこと。月は地球の衛星で、太陽系内で最大の衛星は木星の第3衛星・ガニメデ。人間の手による人工天体はそれと区別して「人工衛星」と呼ぶ。

エッジワース・カイパー・ベルト

太陽系の海王星軌道より外側の黄道面付近にある、円盤状に天体が密集した短周期彗星の巣とされる場所。1940～50年代にエッジワースとカイパーがそれぞれ提唱し、90年代に存在が明らかになった。ここには10万個を超える天体が存在すると予測されていて、その存在は2006年に惑星の定義を変えるきっかけともなった。

オールトの雲

太陽からおよそ10万天文単位の距離に、球殻状に広がる小天体が存在するとされている彗星の巣。1950年、オランダの天文学者オールトが長周期彗星の起源として提唱

した。太陽の引力に捕らえられてオールトの雲を離れて太陽に向かったものが彗星だと考えられている。

か

球状星団〈きゅうじょうせいだん〉

数十万から数百万の恒星が互いの重力によって球状に集まった天体。銀河の周りを軌道運動しており、星団内では中心に向かって恒星の密度が高くなっている。星団全体の重力に束縛されているため、時間が経っても散開星団のようにばらばらにはならない。我々の太陽系が銀河系内でどの位置にあるかは球状星団の研究によって明らかにされた。その多くは100億歳をすでに超え、銀河系形成の初期に生まれた古い天体とされる。

クエーサー

極めて遠方に存在し、恒星のように輝いているため「星のように見える天体」を意味するこの名が付いた。その正体は宇宙初期に形成された活動的な銀河の核であり、実際は銀河系の100倍ものエネルギーを持つ。中心にある巨大ブラックホールに周囲の物質が流れこむ際に急加速された物質からの放射がクエーサーの莫大なエネルギー放出の原因だと考えられている。発見された中で地球から最遠のものは約130億光年の距離にある。銀河形成の解明の鍵を握るとみられる。

公転（↔自転）

天体が他の天体の周りを周回する運動のこと。これに対し、天体自らが自身の中にある一つの軸を中心に回転する運動を「自転」という。

黄道光〈こうどうこう〉

黄道とは地上から見て、天空上で太陽が通る道のこと。黄道面に広がった塵（惑星間塵）が太陽光を反射して見える現象を黄道光と呼び、日没直後の西の地平線や、明け方の東の地平線に、天頂へ向かい伸びる淡い光の帯として見られる。1683年、天文学者のカッシーニによりその存在が報告されている。

さ

歳差運動〈さいさうんどう〉

地球の地軸（自転軸）は、地球の公転面に対して垂直ではなく、約23.4度斜めに傾いている。地球は赤道方向に膨らんだ回転楕円体のため太陽や月、惑星の引力が自転軸を起こそうとするが、地球はそれを避けて自転軸の向きを変える運動をする。これを歳差運動と呼び、春分点や北極星の位置が約2万6000年の周期で変化している。

朔望月〈さくぼうげつ〉

新月のことを「朔（さく）」、満月のことを「望（ぼう）」といい、太陽に対して月が天球を一周する平均時間のこと。29.530589日＝29日12時間44分。月の運動が一様ではないため、周期的に変動する。太陰暦ではこの時間が基本単位となる。

散開星団〈さんかいせいだん〉

比較的年齢の若い数十から数千個の恒星によって構成される星団で、星間ガスを伴っていることもある。その多くは銀河系の円盤の中にあるため、天の川の近くに多く分布している。時間の経過とともに分布はまばらになり、ばらばらになっていくと考えられている。

散光星雲〈さんこうせいうん〉

星間ガスが何らかの原因で光っているところ。大きく2つに分けられ、周囲の恒星の光子によってガスが電離を始め、自らが発光して輝く輝線星雲と、周囲の恒星の光を反射して光る反射星雲がある。恒星の温度が2万K以上では紫外光が強く輝線星雲となり、それ以下の温度では反射星雲となる。

重星（二重星）

二つ以上の星があって、肉眼では一つに見えるもの。互いに引力で引き合う場合は連星と呼ぶが、たまたま同じ方向で接近して見えている場合も多い。

主系列星〈しゅけいれつせい〉

恒星の表面温度と絶対等級により恒星の類型を可視化した「HR図」で主系列に位置する恒星のこと。恒星が星雲から原始星として誕生し、死を迎えるまでの一生のうち、安定した水素の核融合を行っている時期のことで、最も長い期間を占める。太陽は主系列星の段階にある。

小惑星

主に火星と木星の軌道の間（小惑星帯）にあり、太陽の周囲を公転している長径数百m～数百km程度の小型天体の総称。1801年にシチリア島パレルモ天文台のピアジが世界で初めて小惑星を発見し、ローマ神話の女神にちなみケレスと名付けられた。現在までにおよそ100万個が発見されている。小惑星帯以外では太陽と木星のラグランジュ点に集まるトロヤ群小惑星が有名。地球の軌道を横切るものもある。

彗星

水や二酸化炭素、メタンなどが凍ったものに砂や石などの固体粒子が混ざった直径10km程度の天体で、太陽の周りを楕円軌道で公転している。公転周期は数年から数百万年以上と幅広く、3.3年周期のエンケ彗星、75年周期のハレー彗星などが有名。太陽に近づくにつれ、太陽の放射熱

によって表面が蒸発して一時的に大気を生じ、尾を形成する姿から"ほうき星"とも呼ばれる。

スーパー・アース

系外惑星のうち地球の数倍程度の質量を持ち、主成分が岩石や金属などの固体成分と推定された惑星のこと。観測技術の向上によって地球の数倍程度まで小さな惑星を発見できるようになった近年生まれた言葉。表面には海を持つ可能性や、生命の住む可能性も考えられる星である。

スペクトル型

放射された光は分光器を通すことで波長ごとに分かれ、スペクトル（虹）を得ることができる。恒星は表面温度が約1～3万Kなら青白色、約3千Kなら赤色と発光色が異なり、スペクトルもそれに伴い変化する。恒星の性質を温度ごと、色ごとに分類したものをスペクトル型と呼ぶ。

星間物質

宇宙空間は真空ではなく、ガスや塵がほんのわずか存在している。星間物質はこれら恒星と恒星の間にある物質の総称で、主に水素やヘリウムを主成分とするガスと、炭素やケイ素からなる微量の塵（固体微粒子）を指す。星間ガスは電波望遠鏡で観測できる。

星団

銀河系に数千億個の恒星があり、ところどころに恒星が集団を作っている。これらを星団と呼び、散開星団と球状星団に分類される。

赤色巨星〈せきしょくきょせい〉

表面温度が低く、赤色を帯びた大きな恒星のこと。核融合によって水素が使い果たされ、ヘリウムや炭素、ケイ素などの重い元素が中心部に溜まって収縮を起こし、外層は膨張を始めて巨大な赤い星になる。恒星の一生では老年期にあたる。

赤方偏移〈せきほうへんい〉

電磁波の波長が、ドップラー効果よって長くなる現象で、長波長側（赤い方）にずれるため、赤方偏移と呼ばれる。膨張する宇宙では遠方の天体ほど速く遠ざかるため、発する光のスペクトル線が長い方にずれていく。

絶対等級〈ぜったいとうきゅう〉

天体の真の光度を比較するために用いられる絶対値のこと。天体の明るさはその天体までの距離の2乗に反比例して減少するため、夜空に見える天体の明るさは天体本来のものではない。そのため、基準値として天体を地球から32.6光年（10パーセク）の距離に置いた時の明るさを等級の尺度で表している。太陽の絶対等級は5等、北極星は－5等。

太陽系外惑星（系外惑星）

太陽系の外にある恒星を周回する惑星のこと。観測能力の向上により、1995年以来すでに4400個以上が報告され、生命を育む第二の地球の発見が期待されている。多くは主系列星の周りを公転するが、中性子星や白色矮星を回る惑星も見つかっている。

中性子星

中性子でできた天体のこと。"パルサー"とも呼ばれる。通常の物質は陽子、電子、中性子が含まれるが、核融合反応の燃えかすが中心部に溜まると、その中の陽子が電子を捕獲し中性子に変わる。これが超新星爆発によって吹き飛ぶと、中心には中性子だけの天体が残り中性子星となる。かに星雲（M1）などがこれにあたり、その中心部には中性子星がある。

超新星爆発

恒星の大規模な爆発現象。爆発の仕方は二つあり、一つは太陽の10倍以上の質量を持つ恒星が一生を終える際に起こす爆発、もう一つは連星を成す白色矮星が相手の質量を吸い取って暴走し、爆発する場合を指す。前者では十数日で急に明るくなり、その明るさは太陽の数億～100億倍にもなる。この時に大量の光やニュートリノ、エネルギーとともにカルシウムや鉄などの重元素を周囲にまき散らし、爆発後には中性子星やブラックホールが残ることもある。夜空に突如輝き始め、まるで星が生まれたように見えるためこの名が付いた。

電磁波

電界（電場）と磁界（磁場）が相互に作用して組み合わさり、空間を伝わっていく波のこと。波長の長いほうから、電波・赤外線・可視光線・紫外線・X線・γ（ガンマ）線がある。物質は温度やエネルギーの状態によって異なる種類の電磁波を出しているため、宇宙に存在する天体や運動を観測する際も、特徴に応じた波長の望遠鏡を用いる。宇宙においては低温のガスの分布や運動を観測するには電波望遠鏡が、温度の低い天体や遠くの天体を調べるには赤外線望遠鏡が、また超新星の残骸やブラックホールなどエネルギーが高い物質の観測にはX線望遠鏡が適している。

天文単位（au）

距離を表す単位で、地球と太陽の間の平均距離を1天文単位（1au）とする。auは"astronomical unit"の略。広大な宇宙の距離を表しやすい物差しとして用いられている。2012年に天文単位の長さが調整され、1au＝1億4959万7870.7kmとなった。

人と星の道のり

天文薄明〈てんもんはくめい〉

日の出前・日の入り後、1時間30分程度の時間帯のこと。空の明るさが星明かりより明るい頃を指す。

な

日周運動〈にっしゅううんどう〉

天球上の恒星やその他の天体が、地球の自転によって毎日空を1周するように見える見かけの運動のこと。太陽が毎朝東の空に上り、西に沈むのも日周運動の一つ。地球は1日1回、西から東へ自転するため、星は、東から西へ1日1周するように見える。つまり、東の空では南に向かって上り、南の空では東から南を通り西へ移動し、西の空では南から西へ沈んで見える。北の空では北極星を中心に、反時計回りに動いている。1日（24時間）でほぼ1周（360度）動くため、星は1時間あたりで約15度動く。

年周視差〈ねんしゅうしさ〉

地球が太陽の周りを公転するのに伴って、冬と夏では地球から見た恒星の角度は変化する。この差を年周視差と呼ぶ。年周視差と天体の距離は反比例する（視差が小さいほどその恒星は遠くにある）ため、これにより天体までの距離を測定できる。

は

パーセク（parsec）

天文学で用いられる距離の単位で、1パーセクは約3.26光年、または約30兆8600億km。年周視差1秒角（3600分の1度）にあたる距離で、"parallax（視差）"と"second（秒）"を組み合わせた言葉。

白色矮星〈はくしょくわいせい〉

恒星が核融合反応を終えて収縮し、余熱のみで輝いている天体で、赤色巨星が外層部を失った後の段階。高温・高密度の状態だが、ここから長い時間をかけて冷えていき、黒色矮星となる。

波長（wavelength）

字のごとく「波の長さ」。波形を描いて空間を伝わる電磁波や音波などにおいて、例えば波の谷から次の谷までのように、波のある地点から次の波までの一波分の距離を表す。電磁波の場合は、光速を周波数で割ったもので、単位はメートル（m）で表される。

ハビタブルゾーン（Habitable Zone / 生命居住可能領域）

惑星表面にある水が液体の状態でいられる領域。生命が誕生するのに適した環境として、地球外生命が存在する有望な領域とされている。太陽系におけるハビタブルゾーンは、0.8〜1.5天文単位程度で、この範囲に入っているのは地球と月と火星。実際に生命が存在するかは恒星からの距離のみでなく、その天体のサイズなどにもよる。

ビッグバン宇宙論

宇宙は約137億年前、誕生直後に大量のエネルギーによって加熱され、超高温・超高密度の火の玉となった。この初期状態をビッグバンと呼び、宇宙は現在に至るまで膨張を続けている。ビッグバン宇宙論は1948年にアメリカのG. ガモフによって提唱された。宇宙膨張、宇宙の元素組成比、宇宙マイクロ波背景放射の発見に基づく現代の標準的宇宙モデル。

ブラックホール

極めて高密度・大質量で、強い重力のために物質も光も脱出できない天体のこと。太陽質量の30倍程度の星が、進化の終末に自らの重力によってつぶれて崩壊して生まれるとされる。ドイツの天文学者カール・シュバルツシルトが理論上発見し、アメリカの物理学者ジョン・ホイーラーが命名。

変光星〈へんこうせい〉

明るさの変わる星。脈動変光星と食変光星の二つに大別される。赤色巨星の多くは星が膨らんだり縮んだりしており、このため明るさが変わる。脈動の速さと規則正しさによって長周期変光星、短周期変光星、不規則変光星という。急に明るく光り、消えていくものを新星という。一方、連星において主星の前を伴星が通り過ぎる時に変光が起きるペルセウス座のアルゴルが食変光星の代表。

おわりに

　今宵見上げる星空のなか、かすかに輝く名もなき星の一つが、星の王子さまの住む星・小惑星 B612 です。サン＝テグジュペリが『星の王子さま』を出版してからおよそ 80 年。小惑星探査機はやぶさが、大きさ 500m 程度の小惑星イトカワに 2005 年に着陸するなど、王子さまの住む世界に私たちは近づいたのでしょうか。物質的には確かに近づいたのかもしれません。人類は小惑星をすでに 100 万個近くも発見し、火星の表面では大型探査車が生命の痕跡を探しまわっています。しかし、心の面ではいかがでしょう。「いちばんたいせつなことは、目に見えない」、サン＝テグジュペリが最も大切にしたこの言葉を現代に住む私たちの多くが忘れてしまっているような気がします。

　私の好きな絵の一つに、ポール・ゴーギャンがタヒチで描いた大作「我々は何処から来たのか、我々は何者か、我々は何処に行くのか（D'où venons-nous？　Que sommes-nous？　Où allons-nous？）」（ボストン美術館所蔵）があります。この絵はとても不思議な絵で、見るたびに新しい発見があります。この絵に込めたゴーギャンの想いは私にとっては想像の域を超えることはできませんが、人間が生まれ死んでいく過程の無常観が漂っているように感じられます。人は人の助けを借りて生まれ成長し、人はみな何かを夢見て希望を持ち、そして何かにすがるのですが、結局多くの悩みを抱えたまま死に向かうのでしょう。この諸行無常感は仏教の世界観とも一致するような気がします。しかし、この絵のタイトルの哲学的な問いかけに、残念ながらこの絵は答え切れていないと思うのは私だけでしょうか。もちろん、星の世界に憧れ、宇宙の謎ときに挑むことのみでは、私たちヒトという生物がものごころがついてからずっと抱え続ける問い「私は誰？」にすべて答えられるわけではありません。しかし、我々の宇宙はいつどのように生まれ、どのように進化し、将来どうなるのかを知ることは、「私たちは何者？」を知る上で必要不可欠な営みのように感じます。

　天文は音楽や算術・幾何と並んで五千年以上の歴史を持つ、最も古い学問と呼ばれています。星の動きを知り星の位置を測ることは、

暦を作ったり時刻や方位を知るなど実学として文明の発祥とともに必要でした。一方、誰でもが星空を眺めると一度は「私は誰？　ここはどこ？」、または「宇宙において私たち人類は孤独な存在なのか？」などと自問自答することでしょう。星空は古くから人類の知的好奇心を刺激する対象だったのです。

　一方、天文は古くから天と地との、そして人と人との間のコミュニケーションツールでもありました。突然、昼間に太陽が欠けていき、束の間の夜が訪れる皆既日食、夕空に長い尾をたなびかせ、いずこかに消え去る大彗星、突然の流れ星のシャワー、流星雨など、それらはまさに天からの文です。人と人が出会い、約束事をするには、いつ、どこでという情報が必要になります。時刻、暦、方位、地球上の緯度・経度……これらはすべて、元々は天体観測によって求めることができました。算術・幾何や音楽同様、天文は必要不可欠なコミュニケーションツールであることが分かります。

　きっと今でも、星空を見上げることは私たちにとって、素敵なコミュニケーションの時間に違いありません。それは一緒に星を眺めながらの友だちや家族とのコミュニケーション、遠く離れて暮らすかけがえのない人とのコミュニケーション、そしてあなた自身の本当の自分とのコミュニケーション。本書『星の王子さまの天文ノート』は、そんな時のささやかなツールとして利用していただければと思い編纂されました。

　王子さまは言います。「なん百万もの星のどれかに咲いている、たった一輪の花がすきだったら、その人は、そのたくさんの星をながめるだけで、しあわせになれるんだ。そして、〈ぼくの好きな花が、どこかにある〉と思っているんだ」「きみが夜、空をながめたら、星がみんな笑ってるように見えるだろう。すると、きみだけが、笑い上戸の星を見るわけさ」

　今宵も星々と王子さまが遠い宇宙からあなたに微笑んでいることでしょう。

2012年11月21日

小象のMinaと共に　タイ・チェンマイにて

縣　秀彦